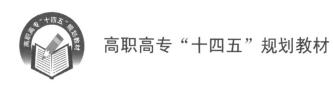

高职高专"十四五"规划教材

飞机机械系统实训

主　编　刘清杰　丁昌昆

副主编　刘章红　刘　涛

　　　　陈雲鹏　陈　超

U0245707

北京航空航天大学出版社

内 容 简 介

本书主要介绍飞机的紧固件的拆装和保险,管路系统的安装与检查,操纵钢索的拆装与检查,轴承的拆装与维护,油脂、滑油和液压油,胶接,密封与腐蚀,还介绍了飞机的结构维修与钣金加工。书中内容着重于民航维修实际,主要突出了飞机机械系统的管道检查与维修、钢索检查与维修、保险及常用紧固件、腐蚀检查与防腐处理、密封胶与胶连接操作与质量检查等实际维修操作;同时在每章后都留有思考题,以帮助巩固知识。

本书可作为高等职业技术院校飞机机电设备维修等专业课程的教材,也可作为从事飞机维修新员工培训的参考教材。

图书在版编目(CIP)数据

飞机机械系统实训 / 刘清杰,丁昌昆主编. -- 北京：
北京航空航天大学出版社,2021.8
  ISBN 978 - 7 - 5124 - 3545 - 2

Ⅰ. ①飞… Ⅱ. ①刘… ②丁… Ⅲ. ①飞机—机械系
统 Ⅳ. ①V26

中国版本图书馆 CIP 数据核字(2021)第 121711 号

版权所有,侵权必究。

飞机机械系统实训

主 编　刘清杰　丁昌昆

副主编　刘章红　刘　涛　陈雲鹏　陈　超

策划编辑　冯　颖　　责任编辑　王　实　苏永芝

*

北京航空航天大学出版社出版发行

北京市海淀区学院路 37 号(邮编 100191)　http://www.buaapress.com.cn
发行部电话:(010)82317024　传真:(010)82328026
读者信箱: goodtextbook@126.com　邮购电话:(010)82316936
北京富资园科技发展有限公司印装　各地书店经销

*

开本:787×1 092　1/16　印张:9.5　字数:243 千字
2021 年 8 月第 1 版　2025 年 1 月第 2 次印刷　印数:2 001 - 2 200 册
ISBN 978 - 7 - 5124 - 3545 - 2　定价:29.00 元

若本书有倒页、脱页、缺页等印装质量问题,请与本社发行部联系调换。联系电话:(010)82317024

前　言

　　"飞机机械系统实训"是飞机维修专业的核心实践课程之一,本课程的内容安排是否合理,教学效果是否有效,都会直接影响学生的学习效果,也将影响飞机维修专业的专业建设成效。本书是针对飞机机电设备维修等专业飞机机械系统实训教学而编写的教材。

　　本书内容主要依据民航维修大纲和 CCAR-147 维修要求编写,其中兼顾了波音和空客两大飞机制造商的操作规范要求。为了方便教学设计和安排,对具体章节作了适当调整。本书所涉及的飞机维修实训内容切合实际操作规范,通过系统的实操培训能有效地缩短飞机机电设备维修专业的毕业生在飞机维修或飞机生产制造工作中的适应时间。

　　本书主要介绍飞机的紧固件的拆装和保险,管路系统的安装与检查,操纵钢索的拆装与检查,轴承的拆装与维护,油脂、滑油和液压油,胶接,密封与腐蚀,还介绍了飞机的钣金加工。另外介绍了飞机机械系统的管道检查与维修、钢索检查与维修、保险及常用紧固件、腐蚀检查与防腐处理、密封胶与胶连接操作与质量检查等内容。

　　全书共分 9 章,各章编写分工为:刘章红编写了第 2 章;刘涛编写了第 4 章;陈雲鹏编写了第 5 章;陈超编写了第 6 章;刘清杰编写了第 7~8 章;其余内容均由丁昌昆编写。

　　在本书的编写过程中,得到了四川航天职业技术学院胡文彬教授的大力支持和悉心指导,在此表示衷心的感谢。

　　由于时间紧迫,这次编写只是为力求框架体系、层次结构和内容上的合理性,在很多地方难免有疏漏和不妥,以后会不断完善。对于书中的缺点和不足之处,敬请读者不吝指正,以便改进提高,不胜感谢。

编　者

2020 年 6 月

目　　录

第1章 飞机维修安全防护

1.1 一般安全规定

维修工作人员由于工作性质和场地不同,对其的安全要求也不同,一般安全规定是工作人员应遵守的基本规则,主要包括:

① 所有维修工作人员进入工作区域,必须佩戴与工作或通行区域相符的有效证件,证件不得涂改和转让他人,过期或辨认不清要及时更换,发现丢失立即报告。无关人员不得在工作现场逗留。

② 维修工作人员在工作现场应按照规定路线通行;接送航空器或指挥航空器试车必须在规定的区域占位。维修人员要遵守现场规章制度。工作现场严禁吸烟。

③ 维修人员执行作业时,应按规定使用劳动保护用品。长发应盘起并置于工作帽内,不准穿高跟鞋,工作服口袋应能封闭,防止物品掉出导致外来物损伤(FOD)事故。

④ 在客舱内工作时,鞋底应保持清洁或穿鞋套,过道地毯上应有垫布,工作服和手套应整洁,座椅应套上防护罩,不得随意踩踏座椅。

⑤ 在机翼、机身上工作时,要穿工作鞋或垫踏布,只能在规定的部位行走和踩踏,严禁穿带钉子的鞋在飞机上工作。

⑥ 禁止使工作梯、特种车辆直接接触飞机(一般应保持 20～70 mm 的距离),各类车辆和设备必须保持完好和清洁,工作结束后放回规定的区域。机动设备应关断动力源,备有刹车和稳定装置的设备应将其放在规定的状态。

⑦ 工具要三清点,即工作前清点、工作场所转移清点、工作后清点。机坪和飞行区内杜绝任何外来物,以避免外来物损伤。

⑧ 在紧急状态下,维修工作人员应熟悉自救和处理意外事故的方法。

1.2 防火安全

1. 火的分类

国际防火协会把火分为以下四种基本类型:

A 类火:由普通燃烧物,例如木材、布、纸、装饰材料等燃烧引起的火。

B 类火:由易燃石油产品或其他易燃液体、润滑油、溶剂、油漆等燃烧引起的火。

C 类火:通电的电气设备燃烧引起的火。

D 类火:由易燃金属燃烧引起的火。

上述四类火分别使用如图 1-1 所示的标识:A 类,绿色背景;B 类,红色背景;C 类,蓝色背景;D 类,棕色背景。

图 1-1 四类火的特定标识

2. 灭火剂的选择

A 类火选用水类灭火剂。

B 类火选用二氧化碳、卤代烷或化学干粉灭火剂。但是不能用水来扑灭 B 类火,水易使火焰扩散。

C 类火选用二氧化碳灭火剂。水或泡沫灭火剂不适用于 C 类火。

D 类火选用化学干粉或细沙灭火剂扑灭。不能用水来扑灭 D 类火,水可助长燃烧,引起爆炸。

1.3 化学品及油液的防护

具有易燃、易爆、有毒、有害及有腐蚀性,并会对人员、设施和环境造成伤害或损害的化学品属于危险化学品。

航空器维修中经常会接触许多危险材料,如汽油、液压油、泰氟隆、水银、环氧树脂、聚酯树脂、清洗液等,在工作中要正确识别和安全使用危险化学品,必要时须查询化学品安全说明书(MSDS)。

1. 危险化学品的识别

危险化学品按危险特性分为八大类(GB 13690—1992),并规定了其包装标志,如图 1-2 所示。

图 1-2 危险标识

第一类:爆炸品;

第二类:易燃气体,包括压缩气体和液化气体(易燃气体、不燃气体、有毒气体);

第三类:易燃液体(按照闪点划分低、中、高,其中中闪点液体指 $-18\ ℃ ≤$ 闪点 $< 23\ ℃$);

第四类:易燃固体(易燃固态物品、自燃物品、遇湿易燃物品);

第五类:有机过氧化物;

第六类:剧毒品;

第七类:三级放射性物品;

第八类:腐蚀品(酸性腐蚀品、碱性腐蚀品、其他腐蚀品)。

2. 易燃材料的安全使用

易燃性材料指开杯闪点低于 130 ℉(54.4 ℃)的任何材料,例如各种酮类材料和酮溶剂、酒精类、石油、各种漆类材料和稀释剂、汽油、煤油、干燥剂、涂布油、各种清洗液和其他挥发性溶剂等。航空燃油是接触最多的易燃材料,常用的航空燃油有航空汽油和航空煤油两大类。喷气发动机使用的是航空煤油,航空煤油具有挥发性、可燃性、腐蚀性。在使用易燃材料的工作中必须注意如下规则:

① 在现场使用的易燃材料,只能存放在合格的、不渗漏的有盖容器内,除有专门规定外,不准使用易燃材料的混合液。

② 使用易燃材料应远离明火、火花、电器开关及其他火源。使用易燃材料的房间或区域严禁吸烟,并使用防爆电气设备。工作人员不得穿着化学纤维的衣服和使用化纤材料的抹布,衣袋中不要装打火机。

③ 使用易燃性材料的场所,应有良好的通风设施,必要时,工作人员应戴口罩或防毒面具。使用有毒性材料应避免直接接触皮肤(戴防护手套或使用其他防护材料)。

④ 接触易燃材料如引起不良反应,应立即脱去被污染的衣服,污染的地板和设备应用清水冲洗,受影响的人员要转移到有新鲜空气的环境中去或立即请医生治疗。

3. 常见油液的防护

机务维修要使用各种油,如:液压油、滑油、燃油以及各种油漆和密封胶等,其中某些油液对身体有害,使用时要特别注意安全防护。

(1) 液压油

液压油有较强的腐蚀性和刺激性,特别是磷酸酯基液压油(紫油)。维修液压系统时必须穿戴专用工作服及手套、眼镜、口罩等,操作间必须保持良好的通风。如果皮肤、眼睛接触了液压油,应用清水彻底清洗。必要时请医生处置。

(2) 润滑剂

飞机使用的润滑剂一般分为三类:润滑油、润滑脂和固体(气体)润滑剂。

通常加注滑油或更换滑油部件时,必须小心操作,不能让滑油长时间接触皮肤,注油时要戴橡皮手套。飞机在进行润滑时,经常配套使用清洗剂、防咬剂和防腐剂等,这些化学品多数有强的腐蚀性和毒性,如防咬防腐剂 BMS3 - 27(Mastinox6856K),使用时必须进行安全防护,避免直接接触,一旦皮肤或眼睛接触到,要立刻用水冲洗,并及时医治。

(3) 燃　油

航空燃油主要有航空煤油和航空汽油。一般航空燃油的铅含量较高,长时间接触对皮肤有损伤,对脑部刺激较强烈。当身体接触燃油后,应用肥皂水清洗。汽油进入眼内应用低压流动水或橄榄油冲洗眼睛,严重时应请医生治疗。检查油量和加油时,应站在上风口位置。

1.4　红色警告标识

红色警告标识是提示相关人员禁止使用或操作设备;提醒工作人员完成工作后及时取下

有关工具和设备,恢复航空器状态,以免损坏机件或危及维修人员安全。常用红色警告标识一般有红色警告飘带、红色警告牌和红色警告条。

1. 红色警告飘带和红色警告条

红色警告飘带为挂附于飞机起落架安全销、各种管套和专用工具等上面的红色标识,用于提醒维修人员在飞机起飞前取下。条带一般是红色阻燃带,条带上有白色荧光中英文字样。特殊红色警告条一般为 50 mm 宽、可拉伸的条带,灵活应用于通道、门和临时区域的警告。

2. 红色警告牌

红色警告牌是用于规定禁止操作、禁止使用、缺件信息的红色警告标识,其上印制有相关说明、使用记录和签署等栏目,使用者须签署姓名,申明警告信息,如:"系统/组件危险! 不要操作!""此部件/系统已拆除,不能使用",同时写明拆下零部件的名称、件号、日期或其他说明。

3. 红色警告标识的应用

红色警告标识一般挂在明显部位,如驾驶杆、操纵杆、电门、开关、手柄、有故障的零部件上或缺件的安装座上。红色警告标识警告信息一般有:发动机未加滑油;液压系统未加液压油;飞机操纵面未安装好;设备、附件未安装好;管路、导线、钢索、拉杆未安装好;工作人员在某些运动部件附近作业以及电气系统和设备正在进行维修工作等。

思考题

1. 工作人员应遵守的一般安全规定主要包括哪些?
2. 工具"三清点"具体是指哪些?
3. 国际防火协会把火分为哪些类型? 分别用什么类型的灭火器灭火?
4. 危险化学品按危险特性分为哪些大类?
5. 在使用易燃材料的工作中必须注意哪些规则?
6. 红色警告标识有哪些?

第 2 章　紧固件的拆装和保险

2.1　螺纹紧固件

2.1.1　概　述

螺纹紧固件(可拆卸紧固件)是指不破坏一个或几个紧固件单元就可以拆卸的紧固件。有许多航空器部件在频繁的定期维护中必须拆卸分解或者更换,因此对其装配紧固方法要求做到快卸快装。以下是波音标准的常用代号。

BAC 是 Boeing Aircraft Company 的缩写,即波音公司。在波音商用飞机上,越来越多地采用波音公司企业标准(BAC 标准),即使采用了其他标准,一般都可以在波音标准中有等效件或者替代件。下面列出了一些经常接触到的 BAC 标准件:

BACB10——Bearing(轴承);

BACB30——Bolt(螺栓);

BACJ40——Jumper(搭地线);

BACN10——Nut(螺母);

BACN11——Nut(螺母);

BACR13——Relay(继电器);

BACR15——Rivet(铆钉);

BACS12——Screw(螺钉);

BACW10——Washer(垫片)。

2.1.2　航空螺栓

1. 航空螺栓的分类

航空螺栓按使用类型可分为通用型螺栓、发动机螺栓和轴销螺栓。

(1)通用型螺栓

航空器结构通用型螺栓按头形可分为标准头形、带孔六方头、埋头、内六方头、环眼头、一字槽口圆头、特殊头形等多种,如图 2-1 所示。

(2)发动机螺栓

发动机或振动较多的部位通常采用发动机螺栓,其主要应用于经受冲击负荷需要紧密配合的部位。发动机螺栓要求精度较高,为高精度螺栓,因其要求配合紧密,所以螺栓无法镀镉。为了防腐,在装配之前应在螺栓的咬合部分涂一层薄薄的防锈脂。安装必须用榔头敲击才能到位。高精度螺栓头部一般有三角形标志,如图 2-2 所示。

如图 2-3 所示的内六方头螺栓为 BACB30JQ/MS20004 系列螺栓,其由高强度合金钢制成,可承受拉伸和剪切复合应力。螺栓头上的凹槽是用来插入内六方头扳手的。注意拆装时

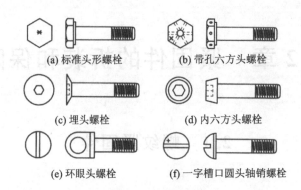

(a) 标准头形螺栓　　(b) 带孔六方头螺栓

(c) 埋头螺栓　　(d) 内六方头螺栓

(e) 环眼头螺栓　　(f) 一字槽口圆头轴销螺栓

图 2-1　各种螺栓的头形

应选择合适的内六方头扳手。当内六方头螺栓安装在铝合金部件上时必须加装 MS-20002 垫圈。内六方头螺栓的强度大大高于普通螺栓,所以绝不能用相同尺寸的 AN 螺栓代替内六方头螺栓安装在航空器结构上。内六方头螺栓的常用编码和尺寸规格如表 2-1 所列。

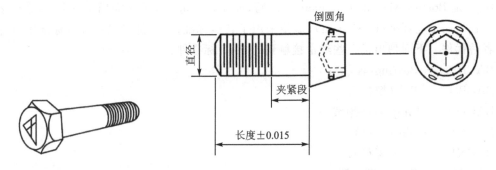

图 2-2　高精度螺栓头部的三角形标志　　　图 2-3　内六方头螺栓

表 2-1　内六方头螺栓的常用编码和尺寸规格系列

内六方头螺栓编码	直径/in-长度/mm	内六方头螺栓编码	直径/in-长度/mm
MS20004	1/4-28	MS20012	3/4-16
MS20005	5/16-24	MS20014	7/8-14
MS20006	3/8-24	MS20016	1-14
MS20007	7/16-20	MS20018	9/8-12
MS20008	1/2-20	MS20020	5/4-12
MS20009	9/16-18	MS20022	11/8-12
MS200010	5/8-18	MS20024	3/2-12

(3) 轴销螺栓

轴销螺栓适用于仅承受剪切力而不受拉伸力的部件连接,如操纵系统中作为交接点的轴销。轴销螺栓头为圆头一字槽(用一字螺丝刀拆装),螺纹段与非螺纹段交接处开有环槽,如图 2-4 所示。

2. 螺栓的型号编码

螺栓的零件编号是区分不同类螺栓的最主要的依据。一般螺栓型号中主要包括有系列标准代号、制作材料、螺栓直径、螺栓长度等内容。BAC(波音标准)系列的螺栓型号编码含义如

图 2-5 所示。

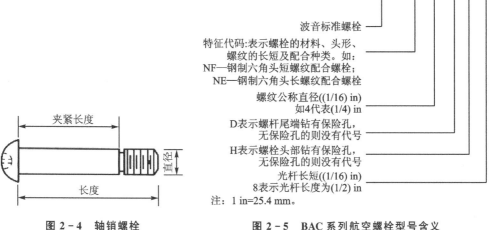

图 2-4　轴销螺栓　　　　　图 2-5　BAC 系列航空螺栓型号含义

2.1.3　航空螺钉

1. 航空螺钉分类

常用的航空螺钉,可分为三类:结构用螺钉、机械用螺钉和自攻型螺钉。

① 结构用螺钉具有与同尺寸螺栓完全相同的强度,故而可作为结构螺栓来使用。

② 机械用螺钉常用于一般性的非结构和次要结构件的连接。

③ 自攻型螺钉靠螺钉本身在装配孔里攻螺纹而紧固。

2. 航空螺钉的型号编码

航空螺钉的波音标准通常用于特殊用途的螺钉件号编码。例如 BACS12ER 是一种钛合金螺钉,用于腐蚀环境比较恶劣的区域的活门的安装,或要求使用非磁性紧固件的地方。BAC(波音标准)系列的型号编码含义如图 2-6 所示。

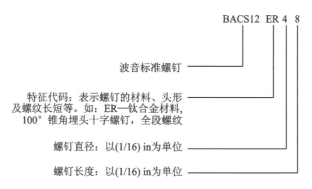

图 2-6　BAC 系列航空螺钉型号含义

2.1.4　航空螺母

航空螺母按锁紧功能可以分为两大类:非自锁型和自锁型。非自锁型螺母在固定后,如果是槽顶螺母,必须采用诸如开口销、保险丝、防松螺母等外部保险方式;如果是平螺母,则应该与平垫圈和弹性锁紧垫圈一起使用,以保证螺母的安装牢固。而自锁型螺母则本身具有锁紧功能。按螺栓受载情况,可以把螺母分为受拉螺母和受剪螺母。通常受拉螺母比受剪螺母厚一些。

1. 非自锁型螺母

通常使用的普通螺母、槽顶螺母、承剪螺母、普通六方头和薄形六方头螺母以及普通锁紧螺母都属此类。

如图 2-7 所示为 AN310 和 AN340 非自锁螺母。其中,AN310 系列槽顶螺母与螺栓是按 3 级精度装配的,它能够承受很大的拉伸力和剪切力;AN340 轻型六方头螺母属于 2 级配合的粗螺纹螺母,必须加装保险件。

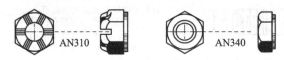

图 2-7　非自锁螺母

2. 自锁型螺母

顾名思义,自锁型螺母不需要额外的保险手段,而是在自身构造上装有保险装置的螺母。自锁型螺母通常用在以下场合:轴承件和操作钢索滑轮的固定、一般附件的安装、检查口盖板和油箱安装口盖板的安装、发动机气门摇臂盒盖和排气支架的安装。但它不能用在螺栓受扭矩作用而使螺栓或螺母可能转动的部位。

(1) 低温自锁螺母

低温自锁螺母顶部镶嵌着一个纤维或塑胶锁圈,如图 2-8 所示。低温自锁螺母不能用于温度高于 250 ℉(约 120 ℃)的工作区域。注意:自锁螺母一旦拆下,必须报废,不能重复使用。一般情况下,低温自锁螺母无须保险,但必须做松动检查标记。

(2) 高温自锁螺母

高温自锁螺母用于温度超过 250 ℉(约 120 ℃)的部位。这种螺母是全金属的,通常有承载螺纹和锁紧螺纹两部分,如图 2-9 所示。锁紧螺纹位于螺母顶部一段内,它可有不同的形式:一种是将螺母顶端开出槽缝,再将这些槽维挤压闭合,这样使顶部螺纹的直径比承载螺纹的直径稍小一点;另一种锁紧方式是将螺母顶端的螺纹孔锁紧部分挤压成稍有椭圆度,当螺栓拧入螺母锁紧段时,螺母螺纹孔受螺栓力而变形(椭圆变成圆形)。

(3) 托板螺母

航空器结构上通常采用的托板螺母如图 2-10 所示,其主要用于受力口盖的固定性连接,被固定在开口区结构的内侧,通过拧入螺钉来将口盖固定到航空器结构上。

AN365(MS20365)　AN364(MS20364)　　AN363(MS20363)　　NAS679

(a) 尼龙自锁螺帽　(b) 薄的金属自锁螺帽　(a) 金属自锁螺帽　(b) 薄的金属自锁螺帽

图 2-8　低温自锁螺母　　　　　图 2-9　高温自锁螺母

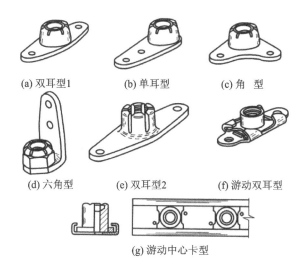

图 2 - 10　各种托板自锁螺母

（4）片状弹簧螺母

片状弹簧螺母用于对质量不大的零件的安装，比如对管线夹头、电子设备、小型航空器上盖板的安装和固定。

如图 2 - 11 所示，它由两个钢质弹簧片向上翘起，中间组成一个小于所使用螺钉直径的孔，当螺钉向内旋入的时候，螺纹将两个弹簧片拉平，中间的孔进一步减小，锁紧拉平方向结合面，同时也使得螺钉固定在机构上。它一般与普通螺钉和钣金自攻螺钉一起使用。

3. 螺母的型号编码

螺母的型号编码与螺栓的大致相同，首先是基本编码，包括系列代号和型别代号；随后是有关材料、尺寸规格等代号。BAC（波音标准）系列的螺母型号编码含义如图 2 - 12 所示。

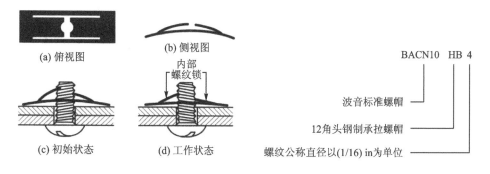

图 2 - 11　片状螺母的安装　　　　图 2 - 12　BAC 系列航空螺母型号含义

2.1.5　销　钉

应用于航空器结构上的销钉有滚柱销、销轴销钉、锥形销三种。销钉的作用是承受剪切力和打保险。

1. 滚柱销

滚柱销是由弹簧钢弯曲制成的有缝管。销子带弹性，安装在孔内时挤压孔壁。如果需要拆卸,必须选用大小适合的冲头。如图 2-13 所示的 MS16562 滚柱销常用于固定航空座椅。

2. 销轴销钉

销轴销钉常用于连接航空器操纵系统部件。销轴销钉的一端为销钉头,另一端在销轴上开保险孔,安装时通过保险销固定防止脱落。销轴销钉的长度是以(1/16) in 为递增单位,用镀镉钢制成。如图 2-14 所示的销轴销钉常用于连接航空器的操纵钢索。

图 2-13　MS16562 滚柱销

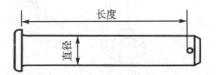

图 2-14　销轴销钉(AN392 至 AN406)

3. 锥形销

锥形销分为普通锥形销和带螺纹锥形销两种,如图 2-15 所示。其主要用于承受剪切力且需要紧密固定的接合处。AN386 是带螺纹锥形销,用 AN364 自锁螺母或 AN320 蝶形螺母一起装配。

(a) 普通锥形销　　　　　(b) 螺纹锥形销

图 2-15　锥形销

2.1.6　垫　圈

常用的机体修理垫圈有普通型、自锁型和专用型等,如图 2-16 所示。垫圈可以起到使承

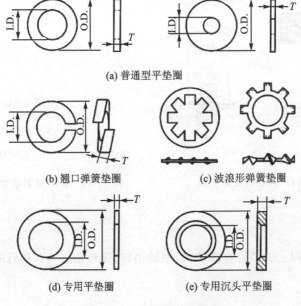

(a) 普通型平垫圈

(b) 翘口弹簧垫圈　　　　　(c) 波浪形弹簧垫圈

(d) 专用平垫圈　　　　　(e) 专用沉头平垫圈

图 2-16　各种形式的垫圈

载面受力分布均匀、防止腐蚀和保护被连接表面的作用,可以修正螺母紧固螺栓后的光杆段长度,还可以用来调节开口销插孔位置防止螺栓和螺母因振动而松脱。

2.2　螺纹紧固件拆卸与安装

2.2.1　螺纹紧固件一般拆卸

1. 螺母、螺栓拆装工具的选择和使用

① 拆除螺母的保险,禁止在未除保险的情况下拧动螺母。

② 选择合适的扳手,根据螺母的大小和周围空间的宽窄选择合适的开口、梅花、套筒或特种扳手,优先选用梅花扳手。

③ 一个扳手卡在螺母上正确的位置,如图 2-17 所示;另一个扳手卡住螺栓头,扶住扳手,防止滑动,如图 2-18 所示。

④ 按照螺母拧松的方向拧,拧松后,最好用手拧下螺母。

⑤ 拆装螺栓时,如果太紧无法拆装,确认螺栓为要求的件号后,可以用冲子冲螺栓的方法拆装,如图 2-19 所示。

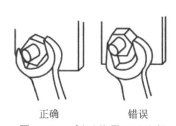

正确　　　　错误

图 2-17　扳手位置正误比较

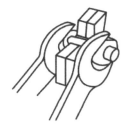

图 2-18　拆装螺栓

图 2-19　用冲子冲螺栓

2. 螺钉拆装工具的选择和使用

① 选择合适的一字或十字螺丝刀与螺钉匹配,如图 2-20 所示。拆装一字螺钉时,螺刀口过窄、过薄都容易损坏螺钉凹槽,过宽还会损伤机件的表面。拆装十字螺钉时,十字螺丝刀刀口的锥度应与螺钉的凹槽大致相同,锥度过大、过小均易损坏螺钉槽。维护工作中,禁止用一字螺丝刀代替十字螺丝刀。

② 螺钉中心线与螺丝刀中心线在一条线上,并用力压紧以防拧转时螺丝刀滑脱。

③ 施加合适的力,正、反向转动螺丝刀,待松动后用手拧下螺钉。

合适　刀口过窄　刀口过宽

(a) 拆装一字螺钉

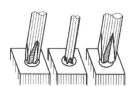

合适　锥度过小　锥度过大

(b) 拆装十字螺钉

图 2-20　螺丝刀的选择

④ 螺钉过紧、不易拧松时，可事先渗透煤油、除锈剂、松动剂等，待锈层变松后再拆卸。也可用榔头轻轻振击零件或用冲击解刀，但必须防止敲坏零件。

⑤ 装螺钉时，先用手将螺钉拧上，然后用螺丝刀拧紧，直到拧至与机件、蒙皮平齐，严禁一开始就用螺丝刀拧紧，防止因没对准螺纹而损伤机件。

2.2.2 螺纹紧固件特殊拆卸

1. 振动拆卸法

振动拆卸法是用塑料榔头敲击振动或使用气动铆枪振动紧固件的拆卸方法，要求使用者在拆卸过程中，不能对飞行器零部件进行敲击。如图 2-21 所示为常用的振动螺丝刀。无论使用塑料榔头还是气动铆枪，都有可能对零部件造成不必要的损伤，因此拆卸前需用少许润滑油或渗透液将紧固件浸泡一定的时间，并要求使用者具备一定的钳工及钣金工基础。

2. 压板拆卸法

压板拆卸法是利用飞行器本身结构孔，使用压板（见图 2-22）将拆卸工具与紧固件紧密咬合，使拆卸工具在拆卸过程中不易滑脱，从而拆卸一些比较难以拆卸的紧固件。拆卸前用少许润滑油或渗透液将紧固件浸泡一定时间。压板拆卸法不能用于比较薄弱的结构，过大的压板压力会使结构损坏。

图 2-21　振动螺丝刀

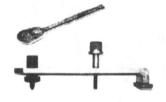

图 2-22　压　板

3. 大力钳法

大力钳法是用大力钳（见图 2-23）加紧紧固件，从而拆卸已打滑的紧固件的方法。拆卸前用少许润滑油或渗透液将紧固件浸泡一定的时间。用大力钳拆下的紧固件应报废。

4. 螺旋锥取螺器

螺旋锥取螺器为杆状旋转工具，如图 2-24 所示。取螺器尖端制成四角或五角棱状，在杆身上有类似钻头的螺旋槽，但其旋向与钻头相反，在尾部有四方头与板杆连接。使用时，用小于螺桩直径的钻头在螺桩断口钻孔，然后把取螺器敲入孔内，逆时针旋转。由于梭尖和螺旋槽方向均在逆时针旋转时与孔壁增加摩擦作用，故可将螺桩取下。拆卸前用少许润滑油或渗透液将紧固件浸泡一定时间。使用气钻，有可能对人及零部件造成不必要的损伤，因此使用者要具备一定的钳工及钣金工基础。

图 2-23　大力钳

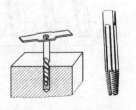

图 2-24　螺旋锥取螺器

2.2.3　螺纹紧固件安装

1. 螺纹紧固件装配要点

① 应根据手册或图册的规定领用航空器紧固件,决定安装的方向和方式。除非特别说明,航空器的螺栓应从上往下、从前往后安装。安装时必须与部件安装表面垂直,如图 2-25(a)所示。

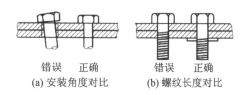

错误　正确　　　错误　正确
(a) 安装角度对比　　(b) 螺纹长度对比

图 2-25　航空螺栓安装比较

② 在安装前检查螺栓或螺母与零件贴合的表面是否光洁、平整,螺栓或螺母如有受损或自锁力不足时,应更换新件。

③ 紧固件装配时按手册相关章节对安装材料进行表面处理以防电化学腐蚀。当螺栓安装需要密封剂和防咬剂时,必须在安装垫圈之前完成。对螺栓、螺母进行正确的润滑,如图 2-26 所示。通常螺栓和螺栓孔的配合都是松配合,可以较轻松地用手装入螺栓孔内。安装紧配合螺栓,用胶锤打入时要检查孔是否校齐,孔的直径以及螺栓的尺寸是否正确。

④ 在拆装螺栓时,应尽可能采用固定螺栓头、拧松螺母的方式进行,如果采用固定螺母、拧松螺栓头的方式,可能会导致孔壁或螺纹的损坏。

⑤ 当再旋紧螺母时,应先用手将螺母带上牙后才用工具紧固,如果一开始就感觉很紧时,可能是位置不正确,必须旋松再重新旋紧。

⑥ 拧紧成组的螺母时,须按照一定的顺序进行,如图 2-27 所示。

⑦ 航空器上的螺纹紧固件都有力矩要求,手册中规定的力矩值是指加在螺母一端的力矩值。拧紧力矩后根据手册规定采用防松装置或防松动标记。

⑧ 严禁使用丝锥修理自锁螺母的螺纹。

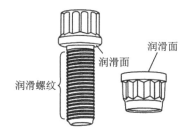

润滑面
润滑面
润滑螺纹

图 2-26　紧固件的润滑

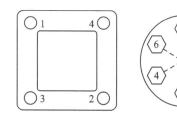

图 2-27　紧固件的拧紧顺序

2. 对螺纹紧固件长度、直径的要求

① 安装螺栓时,要求光杆长度最好等于螺栓穿过的部件厚度,如果无法满足,可以略长,长出部分用垫片填满,如图 2-25(b)所示。

② 螺母锁紧后,螺母上露出的牙数(螺纹凸出量)不能太少或太多,如图 2-28 所示。具体要求见相关手册规定。

③ 当螺栓头部有倒圆角时,应在螺栓头部下面

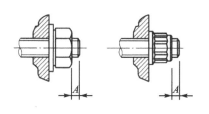

图 2-28　螺纹凸出量

加有埋头凹槽的垫片,要求凹槽对着螺栓。连接不同材料的部件时,例如在连接铝(镁)部件时,必须使用铝制垫片以防金属间腐蚀。调整螺栓长度时,应加调整垫片,优先装在螺母一边,而后考虑加在螺栓头,连接时不得超过3片(不包括埋头凹槽的垫片)。

④ 在航空器结构上,不得使用直径小于(3/16)in的合金钢螺栓或直径小于(1/4)in的铝合金螺栓。

2.2.4 螺纹紧固件装配力矩

1. 装配力矩

航空器的高速运动,使各连接结构件承受相当大的应力。任何构件都必须分担按设计所赋予的载荷,既不能过载,也不能欠载,否则会影响结构的连接强度和整体稳定性。因此,对于像螺栓、螺母、螺钉之类的装配紧固件,必须严格掌握其紧固受力,从而使整个结构单元的负载得到合理分配和安全的传递。螺杆力矩过紧,会导致螺纹及螺杆承受拉力过大而失效;螺杆力矩过大,会导致内嵌的钢丝螺套破坏内螺纹,致使整个螺栓从螺纹孔脱出,彻底丧失紧固能力;反之,螺杆或螺栓力矩不足,会导致结合面的振动和疲劳失效。恰如其分的紧固力矩,不仅可使每一个连接结构件达到设计强度,而且在很大程度上,可以降低由于材料疲劳而产生的结构破坏。如图2-29所示为装配力矩的三种情况。

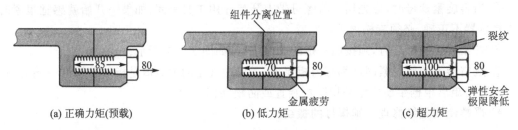

(a) 正确力矩(预载)　　(b) 低力矩　　(c) 超力矩

图 2-29　装配力矩

装配力矩的计算公式为

$$T=F\times L$$

式中:T为力矩;L为扭转点中心线与作用力中心线之间的垂直距离;F为作用力。

2. 装配力矩值修正计算

用加长杆拧紧力矩时,应注意设定力矩值的重新计算。

若使用加长扳手(杆),当加力杆与施力杆不在一条直线时,要计算出与扭矩扳手表盘处于同一直线段的长度,如图2-30所示。

① 修正计算1,如图2-30所示。扳手和加力杆不在一条直线上,扭矩扳手的有效长度变长。

② 修正计算2,如图2-31所示。扳手和加力杆在一条直线上,扭矩扳手的有效长度变长。

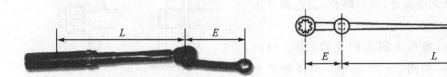

图 2-30　扳手前连接加力杆情况1　　　图 2-31　扳手前连接加力杆情况2

$$R = \frac{L \times T}{L + E}$$

式中：T 为零件上所需的真实扭矩；E 为加长杆或转接器的有效长度；L 为扭矩扳手的有效长度；R 为扭矩扳手的读数。

③ 修正计算 3，如图 2-32 所示。扳手和加力杆在一条直线上，扭矩扳手的有效长度变短。

$$R = \frac{L \times T}{L - E}$$

式中：T 为零件上所需的真实扭矩；E 为加长杆或转接器的有效长度；L 为扭矩扳手的有效长度；R 为扭矩扳手的读数。

④ 修正计算 4，如图 2-33 所示。扳手和加力杆成 90°角，扭矩扳手的有效长度不变。

$$R = T$$

式中：T 为零件上所需的真实扭矩；L 为扭矩扳手的有效长度；R 为扭矩扳手的读数。

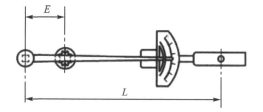

图 2-32　扳手前连接加力杆情况 3

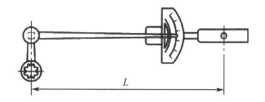

图 2-33　扳手前连接加力杆情况 4

3. 力矩扳手使用注意事项

① 所有的力矩扳手都必须定期进行校准，使用前检查力矩扳手的计量日期、计量单位、计量量程。

② 检查外表有无损坏，指针是否灵活转动。

③ 力矩工具属于测量工具，要轻拿轻放。力矩扳手不能乱扔，不能用榔头敲击扳手，不要将其当扳手使用。

④ 对于指针式力矩扳手，要检查指针位置。

⑤ 使用的力矩值，应处于力矩扳手的量程中间，以减小误差。

⑥ 不同的力矩扳手其加长力臂是专用的，不能混用。

⑦ 使用力矩扳手前，紧固件的拧紧度不超过标准力矩值的 70%。

⑧ 用单手握紧力矩扳手，用力要在一个平面上，拧紧动作要柔和，确保静态加载到要求的力矩值。

⑨ 没有特殊的要求时，不能用万向转接头来拧紧力矩值。

⑩ 不允许用一把力矩扳手校验另一把力矩扳手。

⑪ 棘轮往复式力矩扳手使用完毕后，应将力矩调节到最小刻度处。

注意：力矩扳手只能用来拧紧，不能用来拆卸紧固件。

4. 力矩值的确定

选择力矩值的途径及顺序如下：

① 工作单已经标明的力矩。

② AMM 手册中的相关章节安装程序会给出具体维护工作项目中紧固件的安装力矩,所给出的力矩值可以被直接采用。

③ 部件上已经标注的力矩。

④ 紧固件标准力矩,如表 2-2 所列为某一型号波音飞机的扭矩表。根据这个扭矩表可以查出该型飞机的部分螺栓、螺母在不同尺寸和不同安装形式时要求的扭矩值。

表 2-2 某一型号波音飞机的扭矩表

螺母件号	BACN10HC、BACH10HR、BACN10JG		BACN10B、BACN10GW、BACN10JA、BACN10JD、BACN10RM、BACN10JB、NAS577、(7/16THRU 1-1/40NLY)	
螺栓件号	BACB30MT、BACB30NG、BACB30NH、BACB30TR、BACB30US		BACB30EM、BACB30FD、BACB30LE、BACB30PN、BACB30NE、BACB30LM、BACB30NM、BACB30LN、BACB30NS、BACB30EM、BACB30LP、BACB30LU、BACB30LR、BACB30MS、BACB3ONN、NAS6603～NAS6620、NAS6703～NAS6720	
紧固件直径/in-螺纹尺寸/mm	螺母拧紧力矩值/(in·1b)			
	干螺栓	润滑螺栓	干螺栓	润滑螺栓
1/8 - 23			30～33	20～25
1/4 - 28	90～125	70～80	65～100	50～75
5/16 - 24	180～250	145～180	130～200	90～125
3/8 - 24	300～500	275～330	220～410	150～250
7/16 - 20	510～840	370～440	370～690	260～425
1/2 - 20	870～1 300	500～575	630～1 070	440～650
9/16 - 18	1 300～1 800	800～1 000	1 000～1 470	700～920
5/8 - 18	1 900～2 300	1 350～1 650	1 400～1 900	1 000～1 200
3/4 - 16	3 300～4 300	2 800～3 300	2 400～3 500	1 700～2 150
7/8 - 14	5 100～6 700	3 900～4 500	3 700～5 500	2 600～3 400
1 - 12 或 1 - 14	7 000～10 900	6 200～7 000	5 100～6 900	3 600～5 500
9/8 - 12	9 500～30 000	8 300～9 400	6 900～1 070	4 900～6 700
5/4 - 12	15 800～19 200	11 000～12 000	11 500～15 700	7 500～9 700
11/8 - 12	20 000～24 000	16 000～17 000		

注:1 lb=0.453 kg。

2.3 紧固件保险

在航空器上,对紧固件除了规定拧紧力矩要求外,还要求采用某些措施以防止它们的松动,这些措施称为保险。

保险有两大类：摩擦类和机械类。摩擦类保险有弹簧垫圈、双螺母、自锁螺母、自锁垫圈等；机械类保险有保险丝、保险钢索、开口销、锁片（保险片）、弹簧卡环、卡簧（别针式）等。

2.3.1　摩擦类保险

摩擦类保险是指通过增加螺纹间的摩擦力防止松动。

1. 弹簧垫圈保险

弹簧垫圈保险如图 2-34 所示。弹簧垫圈一般用在受力不大的部件，靠弹簧的弹性形变产生的回复力来增大螺纹间的自锁力达到保险的目的。弹簧垫圈可以重复使用，所以在安装前要确定弹簧垫圈是完好的，并且没有被压平。由于弹簧垫圈是不平整的，所以应该在弹簧垫圈与部件之间安装平垫圈，安装的目的是保证受力均匀和防止弹簧划伤部件。

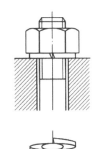

图 2-34　弹簧垫圈保险

2. 自锁螺母

自锁螺母主要用于轴承件和操纵钢索滑轮的固定、一般附件的安装、检查口盖的安装以及某些发动机零附件的安装等。这种螺母在严重振动环境下不松动，但它不能用在螺栓受扭矩作用而使螺栓或螺母可能转动的部位。如图 2-35 所示为 3 种类型的自锁螺母。

① 低温自锁螺母俗称橡皮头螺母。这种螺母顶部镶嵌着一个纤维或塑胶锁圈。这种锁圈质地坚韧耐用，不受水、油和溶剂的影响，且对螺栓的螺纹及表面镀层无影响。锁圈上无螺纹，且内径比螺母螺纹最大直径稍小一些。低温自锁螺母不能用于温度高于 250 ℉的部位。

(a) 低温自锁螺帽　(b) 抗剪型自锁螺帽　　　(c) 高温自锁螺帽

图 2-35　自锁螺母

② 抗剪型自锁螺母与低温自锁螺母相似，只是较薄一些。这种螺母用于螺栓受剪不受拉的地方，主要是和螺栓杆上无孔的轴销螺栓配合使用。

③ 高温自锁螺母用于温度超过 250 ℉的部位。这种螺母是全金属的，螺母通常有承载螺纹和锁紧螺纹两部分。锁紧螺纹位于螺母顶部一段内，它有两种不同的锁紧方式，如图 2-36 所示。一种锁紧方式是将螺母顶端开出槽缝，再将这些槽缝挤压闭合，这样使顶部螺纹的直径比承载螺纹的直径稍小一点。当螺栓拧入锁紧螺纹时，螺母上的槽缝被撑开，螺母变形的弹性力使螺栓与螺母夹紧，防止松动。另一种锁紧方式是将螺母顶端的锁紧部分螺纹孔挤压成稍有椭圆度，当螺栓拧入螺母锁紧段时，螺母螺纹孔受螺栓力而变形（椭圆变成圆形），这种变形的弹性恢复力使螺母实现对螺栓的夹紧作用，从而实现自锁。

3. 双螺母保险

双螺母保险用于受力较大或紧固件需保持在某一特定的部位，如散热器吊带处。其比弹簧垫圈受力大，比开口销式螺栓定位灵活。如图 2-37 所示，双螺母保险中的下螺母是紧固螺母,上螺母是保险。

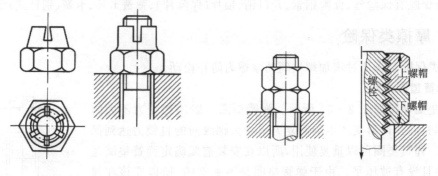

图 2 - 36　自锁螺母保险　　　　　　图 2 - 37　双螺母保险

当紧固螺母拧紧或到位后,用扳手固定,再在其上拧上一个保险螺母。拧紧后使两螺母互相压紧,中间螺杆部分被拉伸,从而增大螺纹摩擦力。

起紧固作用的螺母拧紧后不应使其再转动,维修工作中可以用双螺母方式拆装螺栓。

4. 自锁垫圈(内花、外花保险圈)

自锁垫圈为圆形,在内沿或外沿上有很多舌片,如图 2 - 38 所示,当螺母或螺钉拧紧后将其压紧,其弹性变形增加摩擦阻力。此种垫圈适用在不适于安装自锁螺母或槽顶螺母的地方,其与机械螺钉和螺栓配合。

图 2 - 38　自锁垫圈

2.3.2　机械类保险

机械类保险是通过机械手段,限制螺纹紧固件的相对运动。其常用的方法主要有保险丝保险、保险钢索保险、开口销保险、保险片保险、卡环保险等。

1. 保险丝保险介绍

保险丝保险是航空器维修使用最多的保险形式,使用灵活、方便。它是将两个或两个以上的点用保险丝串联在一起,使它们相互牵制,任意一个点的活动都会受到其他点的限制,从而达到防松的目的。

(1)材料选择

常见航空器保险丝的材料、规格和用途如表 2 - 3 所列。

表 2 - 3　保险丝材料、规格和用途

材　料	尺寸/in	用　途
蒙奈尔	0.020、0.032、0.040、0.051、0.091	高温区的紧固件保险
不锈钢	0.020、0.032、0.040、0.051、0.091	非高温区的紧固件保险
铝合金(5056)	0.020、0.032、0.040、0.051、0.091	用于镁合金部件上,保险、防电化腐蚀
铜	0.020	用于应急设备、保护盖、灭火瓶、急救箱、应急活门、电门等,说明设备是否被操作使用了

（2）保险丝使用的基本规则

① 每次打保险必须用新的保险丝，不能重复使用。

② 用于保险部位的保险丝应符合以下标准：无腐蚀、无压痕、无损伤和急剧弯折变形，在编结段不得有任何损伤（否则会因振动断裂）。

③ 保险丝按 MS20995 使用镍合金，除非大修工艺另有规定。

④ 为防止电位腐蚀，在与镁接触的保险丝上使用 5056 铝合金覆盖层。

⑤ 防腐和防热的保险钢索仅当大修说明允许时可作为保险丝的替代品。这些说明只允许保险钢索安装在直径≤0.250 in 的螺栓和螺钉上，其头部中央有钻通的孔。保险钢索不能安装在六角头角边有钻孔的紧固件上。

⑥ 保险丝、保险钢索拆下后不能再继续使用。

⑦ 保险丝结尾长度拧 3～6 个辫结（保险丝直径＜0.032 in），向后或向下打弯以保护保险丝的端部并使其不会钩住别的东西。

（3）保险丝的件号含义

以 MS20995××40 件号为例，其含义如图 2-39 所示。

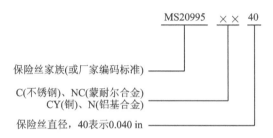

图 2-39　保险丝的件号含义

（4）用保险丝锁定零件的力矩

在用保险丝锁定零件前，必须正确地拧紧紧固件的力矩；拧紧力矩时需正确对准保险丝孔；在对准保险丝孔时，不得降低或增加零件的力矩。

（5）单股保险丝的应用

① 单股保险丝通常用于以下两种情况：一是狭小空间内闭环结构和电子系统上的零件；二是不适合采用双股保险丝保险且需要经常拆卸的场合。

② 当使用单股方法时，使用能通过保险孔的最大标准尺寸的保险丝。

③ 用单根保险丝串联时要注意保险丝穿孔时的走向，即当螺钉、螺母开始松动时，封闭的保险丝圈将受力阻止松动，如图 2-40 所示。这种串联的螺钉数受保险丝长度 24 in

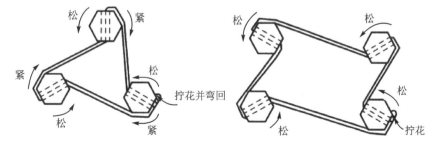

图 2-40　单股保险

(609 mm)所限。

④ 单股保险丝结尾长度应在(1/4~1/2) in,要求不少于 4 个辫结。

(6) 双股保险丝的应用

① 除非大修说明中有规定,所有保险丝均需用双股的方法。

② 对于直径≥0.032 in 的保险丝,保险丝直径必须占将要穿过的孔径的 1/3~3/4。

③ 直径为 0.020 in 的保险丝能用于以下两种情况:一是保险丝孔直径≤0.045 in;二是零件相距小于 2 in 并且保险丝孔直径在 0.045~0.062 in。

④ 对多个紧固件组,如果紧固件间隔在 4~6 in,同一根保险丝的保险紧固件不能超过 3 个;如果紧固件彼此间隔超过 6 in,不能把它们串在一起打保险;如果紧固件彼此间隔小于 4 in,允许使用一根不长于 24 in 的保险丝将不多于 4 个的紧固件连在一起打保险。

2. 双股保险丝的施工方法

1) 不使用保险丝钳制作保险(即手工
    编花)的施工方法

不使用保险丝钳制作保险(即手工编花)的施工方
法如图 2-41 所示。

(1) 工 具

① 剪钳(斜口钳)——用于剪断保险丝。

② 鸭嘴钳或尖嘴钳——用于拧弯和弯折保险丝。

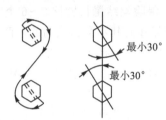

图 2-41 不使用保险丝钳
制作保险的施工方法

(2) 注意事项

工作过程中需要剪切、拆除保险丝,这个过程有可能会划伤皮肤或造成其他的伤害。正常情况下,不要用保险丝做控制部件或开关的限动装置。

(3) 操作程序

① 准备工作。准备工作包括:

ⓐ 确保所有的保险孔都是可用的(没有堵塞、变形)。

ⓑ 确保螺纹紧固件拧紧到规定力矩范围。

ⓒ 再次确认所选择的保险丝是新的并且是完好的。

② 实施。打保险的操作步骤如图 2-42 所示。

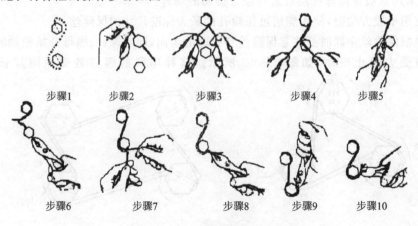

步骤1 步骤2 步骤3 步骤4 步骤5

步骤6 步骤7 步骤8 步骤9 步骤10

图 2-42 打保险的操作步骤

具体实施步骤如下：

步骤 1：剪切一段保险丝，长度应该为预计要实施的保险长度的 1.5～2 倍，如果不能确定，可适当加长。

步骤 2：选择合适的保险丝孔。

步骤 3：将保险丝穿入保险孔，绕螺栓头后打折，用孔出口的一头压住绕螺栓头的另一头，而后打结（穿线压绕线），结必须打在保险丝的出口，结的第一扣角度为：对穿孔第一扣为 120°，边角孔第一扣为 60°。

步骤 4：以 60° 的角度继续编结保险丝，编结过程要保持拉紧保险丝。

步骤 5：当所编结的辫子末端距离下一个螺栓距离小于 3 mm(0.118 1 in)时即可停止编结。

步骤 6：将在上面的一头穿入螺栓孔。

步骤 7：用孔出口的一头压住绕螺栓头的另一头，而后打结（穿线压绕线），结必须打在保险丝的出口。

步骤 8：保险丝从最后一个螺栓头穿出后，以 80° 的角度继续进行编结。

步骤 9：最后留 3～5 个扣作为收尾，多余的部分剪掉。

步骤 10：收尾段顺保险丝的走向弯曲即可。

③ 检查。检查项目包括：

ⓐ 再次确认拆卸螺栓前拆除的旧保险及本次保险作业剪切下的保险丝头已经从航空器上清除。

ⓑ 保险丝旋向正确（是将螺栓向紧的方向拉）。

ⓒ 完成的保险没有损伤。

ⓓ 保险丝是否处于拉伸状态。

ⓔ 辫结是否均匀、是否连续。

2）使用保险丝钳制作保险（即保险丝钳编花）的施工方法

（1）使用正确的工具和工艺

① 在安装过程中，保险丝不能有任何损伤、扭曲或损坏。

② 在扭转保险丝时，由保险钳造成的擦伤是允许的。

③ 确保保险钳夹紧面的边缘有足够大的圆角，以防损伤保险丝。

④ 使用保险钳时戴护目镜。

（2）工　具

① 护目镜——用于安全防护。

② 剪钳（斜口钳）——用于剪断保险丝。

③ 鸭嘴钳或尖嘴钳——用于拧弯和弯折保险丝。

④ 保险钳——如图 2-43 所示，它是一种专用工具，集剪钳和鸭嘴钳的功能于一身，并且可以自动扭辫结，打出来的辫结均匀美观。

（3）操作程序

① 准备工作。准备工作包括：

ⓐ 确保所有的保险孔都是可用的（没有堵塞、变形）；

图 2-43　保险钳

ⓑ 确保螺纹紧固件拧紧到规定力矩范围；

ⓒ 再次确认所选择的保险丝是新的并且是完好的。

② 实施。实施步骤如下：

步骤1：剪切一段保险丝，长度应该为预计要实施的保险长度的1.5～2倍，若不能确定，可适当加长。

步骤2：选择合适的保险丝孔。

步骤3：将保险丝穿入第一个螺栓保险孔，绕螺栓头后打折，用孔出口的一头压住绕螺栓头的另一头（穿线压绕线）。

步骤4：用保险丝钳夹取合适的长度进行拧花，辫花的密度可以根据保险丝的直径查表得到。

步骤5：保险丝的捻绕处与任何零件的保险丝孔的距离应在1/8 in以内。

步骤6：对准第二个螺栓的保险孔插入保险丝，用保险钳夹住保险丝的末端并拉直。

步骤7：用孔出口的一头压住绕螺栓头的另一头（穿线压绕线）。

步骤8：夹紧保险丝的松脱部分并逆时针方向扭转保险丝末端直到紧固。

步骤9：留3～5个辫花作为收尾，剪去多余的保险丝。

步骤10：收尾段顺保险丝的走向弯曲即可。

③ 检查。检查项目包括：

ⓐ 再次确认拆卸螺栓前拆除的旧保险及本次保险作业剪切下的保险丝头已经从航空器上清除；

ⓑ 保险丝旋向正确（是将螺栓向紧的方向拉）；

ⓒ 完成的保险没有损伤（在扭转保险丝时，由保险钳造成的擦伤是允许的）；

ⓓ 保险丝是否处于拉伸状态。

3. 对螺栓、螺钉和螺桩打保险

① 安装保险丝使得通过紧固件的线圈在紧固件将松动时被拉紧。如图2-44所示的典型安装是针对右旋螺纹紧固件的，对左旋螺纹紧固件则使用相反的方向。按图2-44所示，不通过保险孔的回线能绕过或跨过紧固件，但保险丝必须拧紧。

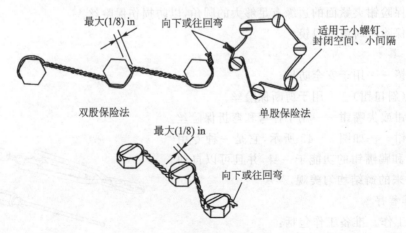

图2-44 典型安装右旋螺纹1

② 在保险丝保持拉伸的状态下,扭转保险丝直到螺旋的末端距离紧固件的保险孔在 (1/8) in 以内。为得到充分的拉伸,对保险丝上不能施加过多的应力,按表 2-4 的要求,对每英寸保险丝施加规定的捻数。双股保险丝的一捻是当保险丝被扭转半圈时,一根保险丝相对另一根的位置改变了 180°,如图 2-45 所示。

表 2-4　编花的密度

保险丝直径/in	<0.019	0.019~0.026	0.023~0.042	0.043~0.065	>0.065
每英寸捻数/个	11~14	9~12	7~10	5~8	4~7

③ 对槽顶螺母,回线沿着螺柱或绕过螺母,如图 2-46 所示。注意:安装保险丝时,如果保险孔没有对正,拧紧或松动螺母时,不能超过规定的力矩值。

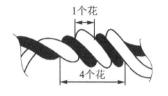

图 2-45　保险丝拧花详解

图 2-46　典型安装右旋螺纹 2

④ 槽顶螺母打保险时,拧紧螺母到最小的规定力矩。如需要,再拧紧直到槽对准螺钉或螺柱的保险孔。

⑤ 如果螺栓(比如 NAS673 系列钛螺栓)的六角头平板钻有带角度的保险孔,按图 2-47 安装保险丝。

⑥ 保险丝弯曲极限如图 2-48 所示,其尺寸如表 2-5 所列。当用手指轻压(压力约为 2 lbf)保险丝跨度中部时,捻绕的保险丝的总的弯曲不得大于图中规定的极限。

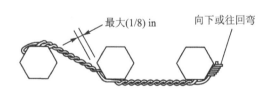

图 2-47　典型安装右旋螺纹 3

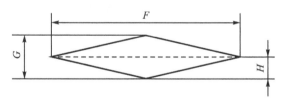

F—保险丝跨度;H—单向弯曲极限;G—双向弯曲极限

图 2-48　保险丝弯曲极限

表 2-5　保险丝弯曲极限尺寸

F/in	G/in	H/in
0.5	0.125	0.063
1.0	0.250	0.125
2.0	0.375	0.188
3.0	0.500	0.250
4.0	0.500	0.250
5.0	0.625	0.313
6.0	0.625	0.313

⑦ 保险丝保险的施工图例如图 2-49～图 2-57 所示。

典型的双股保险丝的正确安装方法如图 2-49 所示,图(a)为直线型螺栓串联保险,图(b)为顺时针型螺栓串联保险,图(c)为逆时针型螺栓串联保险,图(d)为直线型螺钉串联保险。

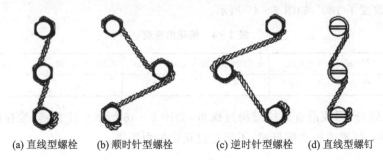

(a) 直线型螺栓   (b) 顺时针型螺栓   (c) 逆时针型螺栓   (d) 直线型螺钉

图 2-49 典型的双股保险丝的安装

在采用不同标准进行保险丝保险时,当保险丝与紧固件间出现间隙时,可以采用如图 2-50(a)和(b)所示的方法在零件上缠绕保险丝。

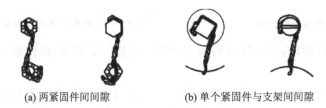

(a) 两紧固件间间隙   (b) 单个紧固件与支架间间隙

图 2-50 保险丝锁定示意图

当需要保险的两个螺栓在不同平面上时,可以从任何一个螺栓开始打保险,但必须按锁紧螺栓的方向同时锁定两个螺栓,如图 2-51 所示。

在打保险过程中,如果被保险的零件具有空心堵头时,必须将保险丝末端弯向孔内,防止干涉和伤害在发动机上工作的人员,如图 2-52 所示。

图 2-51 在不同平面上螺栓锁定示意图   **图 2-52 对空心堵头打保险**

当紧固件带保险凸耳的接头或无保险凸耳的接头时,必须按照图 2-53 所示的示例来锁定紧固件。在保险过程中,可以从任何一个凸耳、接头或管螺母开始打保险,但必须确保按照使接头锁紧的方向进行。

保险过程中,在对所有连接在直接头上且螺母的六角头是接头整体的一部分的螺母进行锁紧时,要确保是按锁紧螺母的方向打保险的,如图 2-54 所示。

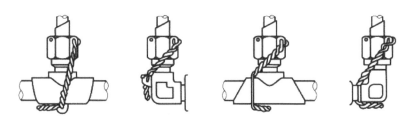

图 2 - 53　带保险凸耳的接头和无保险凸耳的接头锁定示例图

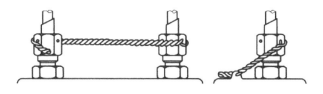

图 2 - 54　螺母锁紧示意图

　　在对 T 形接头螺母进行锁紧时,按图 2 - 55 所示的示例对所有 T 形接头螺母进行锁紧,并确保是按锁紧管螺母的方向打保险的,即按锁紧每一个螺母的方向打保险。

　　在对不同标准的接头打保险时的正确方法是,将接头螺母采用保险丝单独打保险,这样当一个接头螺母被拆下后,就没有必要拆下其他接头,如图 2 - 56 所示。

图 2 - 55　T 形接头螺母锁紧示意图　　　　图 2 - 56　对不同标准接头保险的示意图

　　在保险过程中,对于重要的调整项目,在调整好之后应该做铅封加以保护,如图 2 - 57 所示。

4. 松紧螺套的保险

　　保险丝保险法分为单根保险和双根保险两种。单根保险虽能达到保险要求,但对比之下双根保险其质量可靠性更高。

　　(1)单根保险

　　① 单根直拉式,如图 2 - 58 所示。

注意:

　　ⓐ 保险后应能阻止两端螺纹接杆向松的方向转动<1/2 圈;

图 2 - 57　铅封保护示意图

ⓑ 由螺套中心孔向两端螺杆孔拉紧的保险丝应＜15°；

ⓒ 收尾在螺纹接杆上缠绕不低于 4 圈并应拉紧修平。

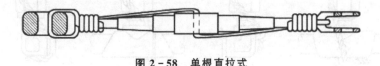

图 2-58　单根直拉式

② 单根缠绕式，如图 2-59 所示。

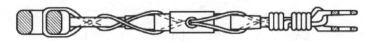

图 2-59　单根缠绕式

③ 单根扭结式：要求保证使螺杆向旋紧方向拉紧。

（2）双根保险

① 双根直拉式，如图 2-60 所示。

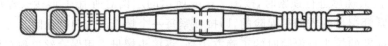

图 2-60　双根直拉式

② 双根缠绕式，如图 2-61 所示。

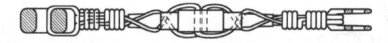

图 2-61　双根缠绕式

（3）保险丝的选择原则

保险丝的选择原则如表 2-6 所列。

表 2-6　保险丝在保险螺套上的选取

钢索直径/in	1/16	3/32 或者 1/8	5/32～5/16
保险丝直径/in	0.024	0.031	0.043

5.插头保险丝制作概述

在航空器的维护工作中，保险丝用于防止安装螺丝或部件的松动。对于非自锁电器插头、处于非增压区的电器插头以及电门护盖等，都需要进行保险丝防护，防止出现插头连接松脱或者重要电门的误操作。

（1）插头拆装工具

常用的插头拆装工具如图 2-62 所示。在进行插头的安装工作中应严格参照标准施工手册进行施工，在拧紧或松开插头时应使用专用插头安全钳或皮带扳手，严禁使用鹰嘴钳、克丝钳等工具。

（2）保险丝制作工具

常用的保险丝制作工具如图 2-63 所示。

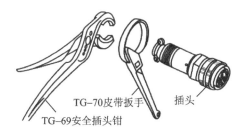

TG-70 皮带扳手　　插头

TG-69 安全插头钳

图 2-62　插头拆装工具

图 2-63　保险丝制作工具

（3）常用工具和器材

航空器插头保险丝制作的常用工具和器材如表 2-7 所列。

表 2-7　常用工具和器材

公司 类型	波音	空客
常用保险丝制作工具	GA311C	BELZER VAN EXTRA 2855
常用保险丝直径/mm	0.5	0.6～0.8

（4）插头保险丝制作程序

插头保险丝制作程序如图 2-64 所示。

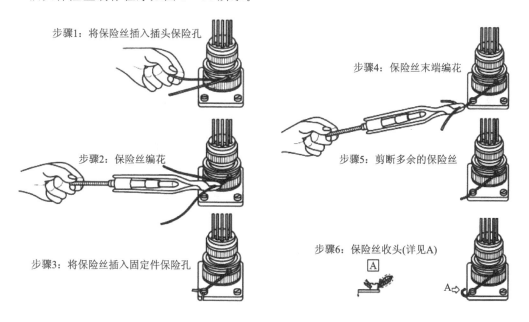

步骤1：将保险丝插入插头保险孔

步骤2：保险丝编花

步骤3：将保险丝插入固定件保险孔

步骤4：保险丝末端编花

步骤5：剪断多余的保险丝

步骤6：保险丝收头(详见A)

图 2-64　插头保险丝制作程序

步骤 1：将保险丝插入插头保险孔。

步骤 2：保险丝编花。保险丝的编花数由保险丝直径决定。防止过度编花。在波音标准施工手册中规定,直径为 0.20 in 的保险丝,每英寸应编制 9～12 个花。

步骤 3:将保险丝插入固定件保险孔。

步骤 4:保险丝末端编花。保险丝的编制方向应能限制插头的逆时针松锁,防止插头的脱开。

步骤 5:剪断多余的保险丝。在保险丝末端应该保留 15 mm(0.590 5 in)。

步骤 6:保险丝收头(详见 A)。保险丝编制完成应将露出的尾部保险丝弯曲,防止松动以及对维护人员的伤害。

保险丝制作完成后,应检查保险丝制作的正确性,并确保插头被安全地固定。

(5) 保险丝的手工制作

如果因工作区域空间的限制,保险丝钳无法使用时,需要维护人员采用手工编制的方法进行保险丝制作。保险丝的手工制作步骤如图 2-65 所示。

步骤 1:将保险丝插入插头保险孔。制作过程中可使用工具将保险丝拉紧进行手工编花。

步骤 2:保险丝编花。制作过程中需注意保持保险丝编花距离,保证编花均匀。

步骤 3:将保险丝插入固定件保险孔。编制过程中应注意编花方向,保险丝的编制方向应能限制插头的逆时针松锁,防止插头的脱开。

步骤 4:保险丝末端编花。编制过程中应注意编花方向,保险丝的编制方向能限制插头的逆时针松锁,防止插头的脱开。如果保险丝固定于安装螺栓,保险丝必须紧密绕制于螺母的周围,防止保险丝滑脱到螺栓帽上方,造成松动。在保险丝末端可使用保险丝钳或等效工具拉紧保险丝。

步骤 5:剪断多余的保险丝,保险丝编制完成。

步骤 6:弯曲保险丝。根部保留 15 mm(0.590 5 in)并将露出的尾部保险丝弯曲,防止松动以及对维护人员的伤害。

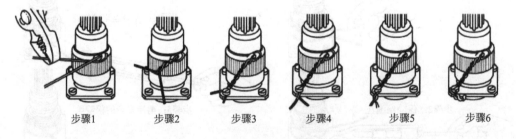

| 步骤1 | 步骤2 | 步骤3 | 步骤4 | 步骤5 | 步骤6 |

图 2-65　保险丝的手工制作步骤

6. 保险钢索

保险钢索一般用如图 2-66 所示的工具制作。

(1) 使用保险钢索的基本原则

① 用同一根保险钢索进行保险的紧固件不超过 3 个。

② 紧固件间的彼此间隔不能超过 6 in。

③ 保险钢索不能有锐损伤、磨损、打结或是其他损伤。

④ 除了被拔具施加的拉伸外,保险钢索上不能有其他类型的拉伸。

⑤ 如果大修说明没有规定尺寸,对最大孔径小于 0.047 in 的孔,使用 0.030～0.034 in 直径的保险钢索;对最大孔径小于 0.035 in 的孔,使用 0.020～0.026 in 直径的保险钢索。

（2）保险丝与保险钢索替换标准

① 替换 0.020 in(0.508 mm)的保险钢索,使用 AS3214 - 01 保险丝。

② 替换 0.032 in(0.813 mm)的保险钢索,使用 AS3214 - 02 保险丝。

③ 在每次使用时,保险钢索及锁块都必须是

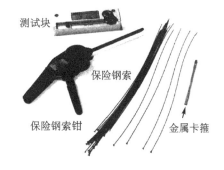

图 2 - 66　保险钢索制作工具

新的,不允许重复使用保险钢索和锁块,不允许将钢索插入螺栓上的减轻孔内。

④ 拉脱载荷测试合格后才可使用保险钢索工具对紧固件进行锁定。拉脱载荷是将钢索拉出锁块或钢索端头的接头所需要的力矩,如表 2 - 8 所列。

表 2 - 8　保险钢索最小拉脱载荷的要求

钢索直径	最小拉脱载荷
0.020 in(0.508 mm)	3.390 N · m(30 lb · in)
0.032 in(0.813 mm)	7.909 N · m(70 lb · in)
0.040 in(1.016 mm)	14.688 N · m(130 lb · in)

注:1 lb=0.454 kg。

（3）保险钢索的安装注意事项

① 孔的对正:不能为了对正保险钢索的孔而增加或减小已施加在零件上的正确力矩。

② 相邻零件之间的关系:

ⓐ 安装保险钢索使紧固件没有松脱的倾向;

ⓑ 保险钢索并不会增加一个新力矩,它只是一种用于防止零件松脱的保险结构;

ⓒ 建议当钢索穿过紧固件时的尖锐拐弯不超过 90°。

③ 安装保险钢索后,从锁块突出的一端应剪断多余的钢索,剩余钢索不得长于 0.031 in (0.787 mm)。

（4）钢索的柔性极限

在钢索两拉紧点的中部,用手指施以大约 8.9 N 力时的最大柔性极限为钢索的柔性极限,如图 2 - 67 所示。

（5）用保险钢索对螺栓和螺钉打保险

① 安装保险钢索使得紧固件在将要松动时能被拉紧。左旋螺纹件的保险方向与右旋螺纹相反。

② 保险钢索上压紧金属箍前,拉紧保险钢索,使安装工具施加正确的拉伸。保险钢索安装完成后,保险钢索在如图 2 - 64 所示的挠性极限内是可以接受的。

（6）保险钢索保险的施工图例

保险钢索保险的施工图例如图 2 - 68 所示。

用于三个螺栓形态
$A=D+E$

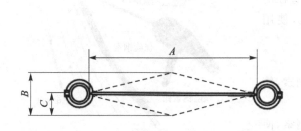

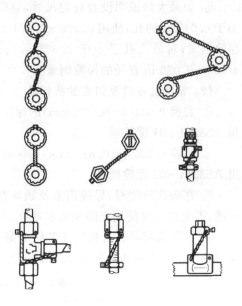

柔性极限尺寸		
A/in	B/in	C/in
0.5	0.125	0.062
1.0	0.250	0.125
2.0	0.375	0.188
3.0	0.375	0.188
4.0	0.500	0.250
5.0	0.500	0.250
6.0	0.625	0.312

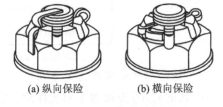

图 2 - 67　钢索的柔性极限　　　　　　　图 2 - 68　保险钢索保险的施工

7. 开口销保险

开口销分为纵向保险和横向保险,如图 2 - 69 所示,一般用于螺栓、销子上,单个存在。

(1) 开口销保险法的基本原则

① 开口销直径选择要合适,穿入后有一定摩擦力,一般为孔径的 80%～90%。

② 弯在螺母顶上的开口销尾端不能超出螺栓直径(长出部分可以剪掉)。

(a) 纵向保险　　　　(b) 横向保险

图 2 - 69　纵向保险和横向保险

③ 贴在螺母侧的开口销尾端不能过长,避免其碰到垫圈表面。长出部分可以剪掉,剪掉时要用手遮挡一下,防止飞溅到眼睛内。

④ 穿开口销时,一般规则是从(航空器)前向后穿,从上向下穿。

⑤ 如采用横向保险的形式,保持开口销的两尾端贴近在螺母侧面上。

⑥ 开口销尾端应保持相当的弯曲弧度,陡折弯角会导致断裂。用木榔头敲弯成形是最佳的施工法。

⑦ 每次工作必须使用新的开口销,开口销不得重复使用。

(2) 安装开口销的方法

① 对正保险孔。为了便于观察,可预先在螺杆上对正开口销孔处作一个记号,当螺母拧到规定紧度后,检查螺杆上的开口销孔与螺母的缺口是否对正。如果螺母的紧度合适,但开口销孔并未对正,应采用更换垫圈的方法使孔对正,禁止采用拧松螺母的方法使孔对正,禁止采用欠力矩或超力矩的方法使孔对正。螺母槽上保险孔的位置如图 2 - 70 所示。

② 插开口销。选择与螺杆孔孔径大致相同的开口销插入螺杆孔内,为了插得牢靠,可轻敲开口销的头部。

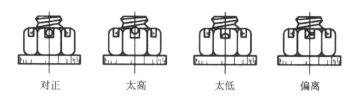

对正　　　　　太高　　　　　太低　　　　　偏离

图 2-70　螺母槽上保险孔的位置

③ 分开、打牢开口销。

（3）开口销施工方法

① 横向保险施工方法。将开口销插入孔内,把头部推到紧贴螺母缺口,将开口销尾部沿螺母棱面向两侧分开,再切除开口销在螺母外侧的多余部分。然后用平头冲将开口销的尾部分别打入螺母的两个缺口内。打紧时,应防止平头冲损伤螺母或螺纹。打好后,用手轻轻拨动开口销的尾部,尾部没有翘起或晃动,保险才算合格。

在较狭窄的部位,如果用上述保险方法不便操作,也可先将开口销的尾部用钳子弯成钩形,再压入螺母的缺口内,但必须保证保险的质量合格。横向保险的打法如图 2-71 所示。

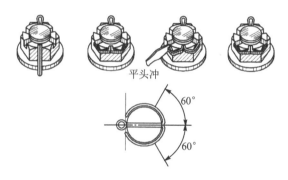

图 2-71　横向保险打法

② 纵向保险施工方法。将开口销插入保险孔内,把尾部沿螺杆的轴线方向分开(俗称上下分),并分别紧贴在螺杆的端面和螺母边上,螺杆端面的开口销尾端长度不超过螺杆的半径,切去多余部分。螺母边上要求开口销尾端长度不触及螺母垫圈为准。纵向保险的打法如图 2-72 所示。

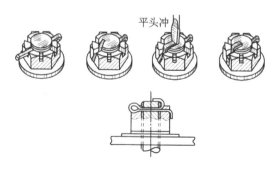

图 2-72　纵向保险打法

（4）开口销的拆除

① 拆除开口销时，应首先将尾端尽量弯直，再用尖嘴钳夹住环眼向外拔，这样拆下的开口销仍是完整的一根。

② 注意不可用力过猛，以免造成人身伤害或损伤航空器。

③ 切忌图方便将尾端剪断，因为当开口销日久生锈或螺母有松动趋势时，开口销会非常难拔出，若不能从环眼一端拔出时，还可以从另一端拔出。

④ 若有腐蚀，可以采用煤油渗透、施加除锈剂等方法，使腐蚀区域充分浸润以后再拆卸。

⑤ 剪断开口销时，应采取措施避免开口销断头飞出伤人或掉入航空器内部。

⑥ 工具和开口销必须放在托盘内，而不得直接放在航空器上。

拆除开口销如图 2-73 所示。

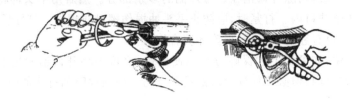

图 2-73 拆除开口销

（5）开口销保险的施工图例

开口销保险的施工图例如图 2-74 所示。

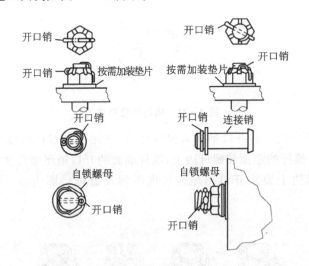

图 2-74 开口销保险的施工

8. 锁片(保险片)

锁片保险常用在温度变化较大或者受力较大的地方。锁片形式多样，如图 2-75 所示，锁片只能一次性使用，每次装配时都必须使用新的锁片。

（1）直锁舌锁片

弯曲锁片上的所有锁舌防止其被再次使用。直锁舌锁片的安装如图 2-76 所示，至少有一个锁舌被充分弯曲以满足图中间隙的要求，且由舌片的基体测得的至少75%的舌片宽应与被锁定零件的平面弯曲贴合。

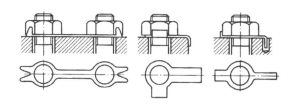

图 2-75 锁片(保险片)保险

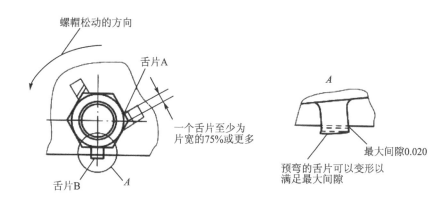

图 2-76 直锁舌锁片安装

（2）预弯锁舌的凸舌型锁片

凸舌型锁片的安装如图 2-77 所示,在安装时允许弯曲预弯的舌片以满足间隙的要求。对螺纹尺寸≤0.312 5 in 的紧固件的最大间隙是 0.010 in,对螺纹尺寸＞0.312 5 in 的紧固件的最大间隙是 0.020 in。

（3）椭圆锁片

为了安装椭圆锁片,应按图 2-78 所示将锁片向上弯曲至完全贴合在一个六角的整面上,并完全满足凸舌型锁片安装中的间隙要求。

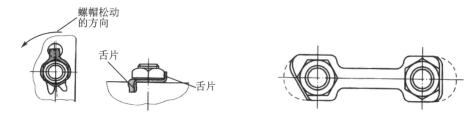

图 2-77 凸舌型锁片的安装　　　　　**图 2-78 椭圆锁片的安装**

（4）多孔锁片

对直锁片和椭圆锁片的要求同样适用于多孔锁片每个孔的所有锁舌。

为防止内舌片断裂或出现任何损伤,通过标记锁片与相邻的非转动表面的相对位置的方法记录锁片的位置。使用手册中规定金属标记碳笔(硬)作标记,使得在拧紧螺母时锁片的任何转动都能被显示出来。

（5）验收标准

安装的锁片是新的。舌片是按上述规定弯曲的,舌片已经弯曲到不会抖动或者零件不会再松开。

9．弹簧卡环保险

（1）概　述

弹簧卡环由弹性很好的金属制成,能牢靠地卡紧在槽沟内,起到保险作用,如图 2－79 所示。弹簧卡环分为外用型和内用型两种。外用型卡环是设计用来锁在轴形或缸体外表的槽道上,内用型卡环则用于缸体的壁沟槽内。

图 2－79　弹簧卡环保险

（2）工　具

卡环的一面较平,另一面为凸面,安装时,平面朝向需要紧固的机件。卡环的拆装使用专门设计的卡环钳,如图 2－80 所示。

（3）卡环拆装方法及注意事项

① 使用卡环钳时戴护目镜。

② 拆装卡环使用专用的卡环钳。

③ 拆卸时,将卡环钳的两个尖端插入卡环的两个凸耳中,压缩（内卡）或绷开（外卡）卡环,并保持住,直到把卡环从槽沟内取出。

④ 安装时,也是先将卡环压缩或绷开并保持,把它放入槽沟内,松开卡环钳,用一字螺丝刀转动卡环至少一圈,或者用专用塞尺测量卡环两凸耳间的距离符合手册规定,确保卡环进入槽沟,卡紧到位。

⑤ 用卡环钳压缩或绷开卡环时,要用力均匀,并保证卡环钳的尖端有足够长在卡环的凸耳中,防止卡环弹出,损伤工作人员和机件。

⑥ 注意卡环的安装方向。

⑦ 损坏或弹性不好的卡环禁止使用。

⑧ 弹性卡圈的变形量越小越好,具体要求则以能完成拆装卡圈为准。卡圈直径变形太大,会造成卡圈永久性变形,从而失去保险作用。

10．卡簧销（别针式）保险法

现在的航空器上使用的较多的松紧螺套保险方式是别针式,即卡簧销,如图 2－81 所示。卡簧销保险的方法和步骤如图 2－82 所示,具体如下:

（1）别针锁夹保险施工步骤

① 在拧紧松紧螺套的过程中,确保钢索接头外露螺纹不超过 3 牙。

② 对齐松紧螺套上的缺槽和钢索接口上的缺槽。

③ 把锁夹的平直段安装到已对正的缺槽中。

④ 把锁夹的钩部放入松紧螺套中央的孔内。

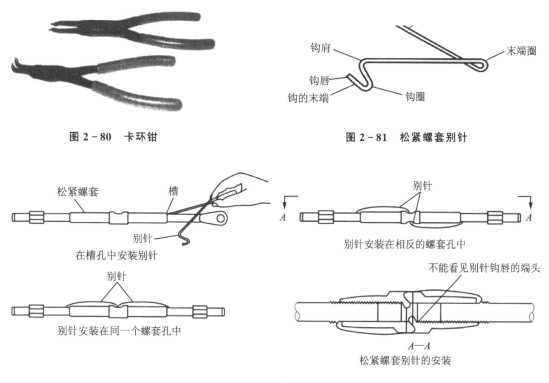

图 2-80　卡环钳

图 2-81　松紧螺套别针

图 2-82　保险螺套别针安装步骤

⑤ 压紧锁夹的托肩以得到良好的保险。

⑥ 重复步骤②～⑤,对松紧螺套另一端保险。注意:两根锁夹可以安装在松紧螺套的同侧,也可以安装在异侧。

⑦ 确保这两个锁夹已正确安装。注意:别针锁夹不得重复使用。

(2)保险操作注意事项

① 在松紧螺套和钢索接头上涂抹一层薄的防腐剂。

② 把松紧螺套与接头螺杆相连,拧紧松紧螺套,使钢索张力达到规定值。钢索接头外露螺纹不超过 3 牙。

③ 选择正确的不锈钢保险丝在钢索接头一端开始打保险。钢索直径与保险丝直径的关系查表可得。

④ 把保险丝扭成辫结,不要任何工具,只能用手施工。

⑤ 将保险丝两端,分别从松紧螺套的两边穿过圆孔。

⑥ 将穿过圆孔的保险丝拧成辫结,穿过另一端钢索接头上的孔,后打上辫结。辫结要留(5/8) in 长。

⑦ 把辫结用工具弯曲向与钢索头子相反的方向。

⑧ 清理工作场所,带走多余物品,清点工具。

思考题

1. 航空螺栓有哪些种类?

2. 下列代号的含义是什么? MS20008 1/2 - 20、BACB30 NF4DH8、BACS12ER4 - 8。

3. 应用于航空器结构上的销钉有哪些种类?

4. 螺纹紧固件特殊拆卸有哪些方法?

5. 螺钉拆装工具应该如何选择和使用?

6. 螺纹紧固件装配要点有哪些?

7. 选择力矩值的途径和顺序是什么?

8. 力矩扳手使用注意事项有哪些?

9. 保险丝使用的基本规则有哪些?

10. 双股保险丝的施工方法和步骤是什么?

11. 保险丝钳编花如何操作?

12. 松紧螺套的保险如何操作?

13. 保险钢索保险如何操作?

14. 开口销保险如何施工?

15. 开口销保险如何拆除?

16. 卡环拆装方法及注意事项有哪些?

17. 卡簧销保险的方法和步骤有哪些?

第3章 飞机管路系统的安装与检查

3.1 航空硬管/软管的基本知识

在现代民用飞机中,不论是支线飞机、干线飞机或者其他任何飞机,飞机的管路系统都是极其重要的,就像血管对于人体是极其重要的一样。所以,掌握了飞机的管路系统就是掌握了飞机的生命系统。

管路系统是飞机机械系统的重要组成部分,按所属系统来分,飞机上管路主要分布在液压系统、空调系统和燃油系统中,其余还有结构排液管路以及静压管路。

① 液压系统的管路是用来提供液压传动过程中的液压油流动的媒介,将能源装置(液压泵)、执行元件(作动器)、控制调节元件(阀)等进行连接,并以液压油为工作介质,利用液体静压能来完成传动,以实现飞机各类需要液压动力的部件控制。

② 空调系统管路主要使用在空调系统、气源系统、氧气系统中,其作用是传递气源中产生的空气,输送到飞机上各个需要用气的区域。

③ 燃油系统管路的作用主要是用来向飞机油箱加油,将燃油在不同油箱之间转换传递,以及向发动机和 APU 供油等。

3.1.1 管路系统的组成

飞机管路系统由导管、接头、管螺母、套筒、封严、管卡等组成一个封闭的通道,以保证液体或气体在通道中流动和传递能量,如图 3-1 所示。

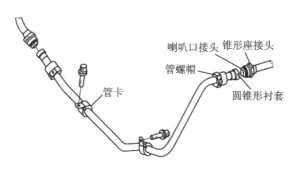

图 3-1 管道组成

3.1.2 管路材料

1. 硬管材料

现代飞机使用的硬管材料主要有三种:铝合金、不锈钢、钛合金。管路材料和 BMS/MIL

规范如表 3-1 所列。

表 3-1 管路材料及 BMS/MIL 规范

管路材料	BNS	MIL	其 他
铝合金 6061-T6		WW-T-700/6	—
铝合金 6061-T4		T-7081	AMS 4083
不锈钢 21-6-9	7-185		
不锈钢 304-1/8 Hard	—	T-6845	AMS 5566
不锈钢 304	—	T-8504	AMS 5567
不锈钢 321	—	T-8808	AMS 5566 AMS 5567
钛合金 3Al-2.5V	7-234	—	AMS 4945

铝合金管路主要用于低压系统,如仪表管路和通风管路等。不锈钢管路主要用于高压系统管路。钛合金管路具有强度高、密度低、耐腐蚀、耐高温的特点,可在一定范围替代不锈钢。

警告:不要使用钛合金修理氧气管路。钛合金容易与氧气引起着火或对人员造成伤害。

2. 硬管材料替代原则

通常使用相同材料的管子对管路进行修理,如果没有相同材料的管子,则可以根据以下替代原则进行修理:

① 可用不锈钢管路替换铝合金管路,但需要做好标记。

② 可用铝合金 6061-T6 管路修理铝合金 6061-T4 管路,但不能用铝合金 6061-T4 管路修理或替代铝合金 6061-T6 管路。

③ 可用不锈钢 304-1/8 Hard 或不锈钢 21-6-9 管路替换或修理钛合金管路,也可用不锈钢 304-1/8 Hard 管路替换或修理不锈钢 21-6-9 管路。当新管路制作好后替代原来的管路组件,新管路应做类似于但不同于原管路的件号标记。

④ 不锈钢 21-6-9 管路可用钛合金 3Al-2.5V 管路(除吊架外)进行修理。

注意:如果用不锈钢管路修理铝合金或钛合金管路,应考虑质量补偿。

3. 软管材料

软管材料主要使用丁腈橡胶、氯丁橡胶、异丁橡胶和特氟隆(聚四氟乙烯)。

丁腈橡胶是一种合成橡胶化合物,具有极好的耐石油性能,但对磷酸酯液压油不适用。

氯丁橡胶对石油产品的耐力不如丁腈橡胶好,但有更好的抗腐蚀性,也不能用于磷酸酯基液压油。

异丁橡胶是一种由原油制成的合成橡胶,它是适用于磷酸酯基液压油的合成橡胶,但是不能与石油产品一同使用。

特氟隆几乎适用于已使用的每一种物质和介质,并且其储存和使用寿命无限制。特氟隆软管可经加工并挤压成所需要的尺寸和形状,其上覆盖有编织的不锈钢丝来加强和保护。

3.1.3 管路尺寸

1. 硬管尺寸

管路的尺才标识有公制和英制之分。

公制是以管子的外径乘以内径表示。例如:8×6 是指管子的外径为 8 mm,管子的内径为 6 mm。

英制硬管以管子的外径(OD)为基准,以(1/16) in 为单位递增或递减。例如 7 号管子表示管子的外径为(7/16) in。另外,英制管路由于壁厚的系列化,同一外径的管路可有多种壁厚,所以在安装管路时,不仅要知道管路的外径,而且应该知道管路的壁厚,这是十分重要的。典型液压管路的壁厚如表 3-2 所列。

表 3-2　典型液压管路的壁厚

管子外径		壁　厚					
		不锈钢 21-6-9		铝合金 6061-T6		钛合金 3Al-2.5V	
in	mm	in	mm	in	mm	in	mm
1/4	6.35	0.016	0.41	0.035	0.89	0.016	0.40
3/8	9.53	0.020	0.51	0.035	0.89	0.019	0.48
1/2	12.70	0.026	0.66	0.035	0.89	0.026	0.66
5/8	15.88	0.033	0.84	0.035	0.89	0.032	0.81
3/4	19.05	0.039	0.99	0.035	0.89	0.039	0.99
1	25.40	0.052	1.32	0.048	1.22	0.051	1.30
5/4	31.75	0.024	0.61	0.035	0.89		
3/2	38.10	0.024	0.61				

2. 软管尺寸和编号

英制软管以管子的内径(ID)为基准,以(1/16) in 为单位递增或者递减。在软管材料壁内常加有纤维或金属丝以加强软管的强度。软管结构的适用压力及加固措施如表 3-3 所列。

表 3-3　软管结构适用压力及加固措施

适　用	压力范围/psi	加固措施
低压	<250	纤维编织加固
中压	<1 500(较大尺寸) <3 000(较小尺寸)	一层金属编织加固
高压	≥3 000	多层金属编织加固

在软管的外表面印有一些线条、字母、数字等组成的标记,表示软管的尺寸、制造厂家、制造日期以及适用的压力和温度极限等。

除特氟隆软管以外,软管的使用年限一般比较短,内管材料成形后随着时间的延长会变硬、变脆。需要特别注意的是,软管的使用年限是以制造日期开始计算的,而不是从安装到飞机上来计算的。所以在更换软管时要注意软管的有效使用期还剩下多少。

3.1.4　管路标记

飞机管路可借助由彩色带、代号、英文说明词和几何符号组成的标记来识别。常用色带和印花图案缠绕在硬管管路端头,这些标记表明各个管路的功能、流体介质、危险警告和流体的流向。在发动机舱中的管路上,由于色带印花图案和标签有可能被吸入发动机进气系统,所以常使用涂料绘制标记。

除了上述标记外,某些管路还有可能对其系统内的特殊功能进一步标记,例如:DRAIN(排放)、VENT(通气)、PRESSURE(压力)、RETURN(回油)等。输送燃油的管路可能标有FLAM(易燃)字样,容纳有毒物质的管路标有 TOXIC(有毒)字样,含有危险物质,如氧、氮、氟利昂等的管路标有 PHPAN(危险)字样。

维修人员进行飞机管路维护时,必须正确识别管路标记,以便采取相应的保护措施,防止人员受伤,保障航空器的安全。管路标识色带和印花图案如图 3-2 所示。

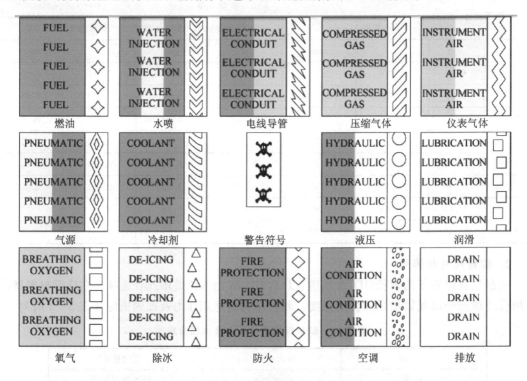

图 3-2 管路标识

3.1.5 管路连接

1. 喇叭口(扩口)

喇叭口接头由衬套、喇叭口和管螺母组成,如图 3-3 所示。管螺母套在衬套上,拧紧螺母时,带动衬套和管路喇叭口紧贴于插入式接头,以形成封严。应当注意,衬套、喇叭口和管螺母应使用相同的金属,避免接触时引起腐蚀。这种连接方式适用于中、低压力管路系统。

AC(Air Corp Standard)和 AN(Air Force-Navy Aeronautical Standard)喇叭口接头的差别如图 3-4 所示。

各种 AN 标准喇叭口接头如图 3-5 所示。

2. 无喇叭口(无扩口)

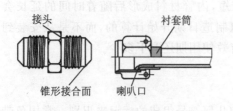

图 3-3 喇叭口接头

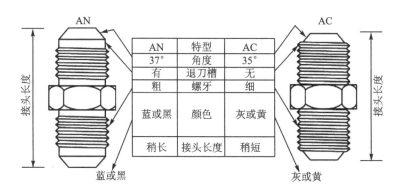

图 3-4　AN/AC 喇叭口接头的对比

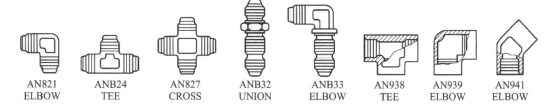

图 3-5　AN 喇叭口接头

无喇叭口（无扩口）接头由衬套、喇叭口和管螺母组成，如图 3-6 所示，适用于中、高压力管路系统。

各种无喇叭口接头如图 3-7 所示。

3. 快卸式（自封式）接头

快卸式接头由两个接头和内部弹簧控制活门组成，如图 3-8 所示。自密式快拆连接适用于管路需要频繁拆开以便检查、维护的地方。这种连接器可以迅速拆开管路而不损失流体和无空气进入系统，适用于高、中、低压力管路系统。

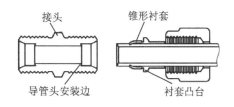

图 3-6　无喇叭口接头

4. 波式接头

波式接头一般是用一段软管连接两个硬管，如图 3-9 所示。这种接头的特点是连接时对中要求较低，并且能够在一定程度上降低振动的传递。

波式接头和软管夹常用于连接润滑油、冷却剂和低压燃油系统的管路。

5. 软管接头

挤压式接头如图 3-10 所示，接头不可更换，一次加工成形。

装配式接头由螺母、螺纹接头、管套组成，如图 3-11 所示，接头可以更换，人工组装成形。装配质量由加工者的技术决定，适用于小飞机。

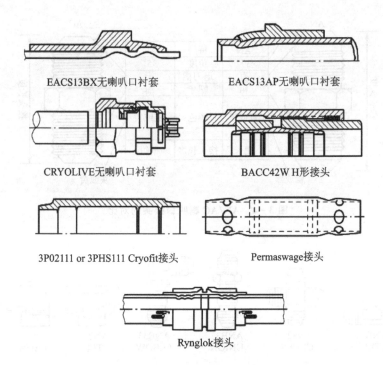

EACS13BX无喇叭口衬套　　　　　　　EACS13AP无喇叭口衬套

CRYOLIVE无喇叭口衬套　　　　　　　BACC42W H形接头

3P02111 or 3PHS111 Cryofit接头　　　　Permaswage接头

Rynglok接头

图 3－7　各种无喇叭口接头

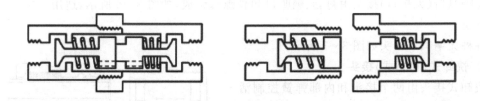

图 3－8　快卸式接头

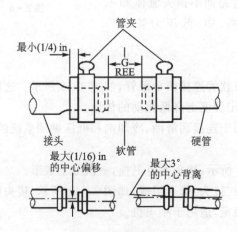

图 3－9　波式接头

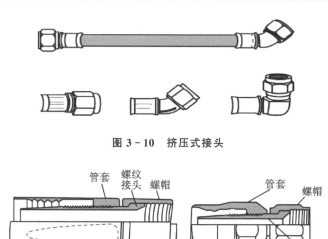

图 3-10　挤压式接头

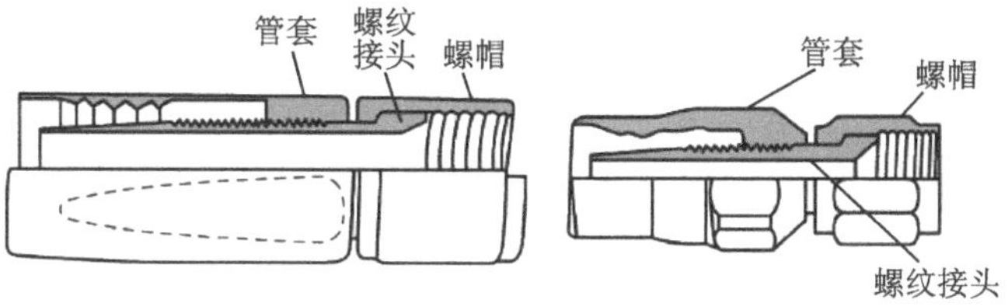

图 3-11　装配式接头

3.2　液压管路的安装要求

3.2.1　液压管路安装流程

1. 安装导管支架

液压管路的安装过程,首先应该安装固定液压管路的过框接头、卡箍以及排夹的结构支架。其中,有结构支架的首先安装结构支架。

2. 安装管路以及管接头

将液压管路排夹以及过框接头装在结构支架上,并预排液压管路。预先排放液压管路能够防止公差积累,提前发现问题,减少排故工程更改及现场操作工作量。

3. 导管连接(压接和螺接)

进行液压管路压接以及螺接连接工作。液压管路压接及定力一般按由内向外的顺序操作,保证所有管接头工具(压接工具及定力扳手等)有足够空间操作。

若液压管路在飞机上压接操作空间不足,可在飞机上预安装时做好压接位置标记,拆下后进行地面压接。但地面压接由于两端缺少可靠定位支撑,管路两端会沿轴向收缩,重新装机可能会产生一定误差,若结构容差较小,可使用工装夹具辅助解决。

4. 液压管路耐压清洗试验

管路安装完成以后,为检查硬管接头安装质量,须对管路接头进行液压管路清洗以及耐压试验。飞机上液压管路清洗的目的是排除管路内堵塞、阻力和污染物,保持管路压降均匀,确保液压系统清洁;给装配好的硬管系统提供压力,并保持压力至少 15 min。在系统保持压力的状况下,用清洁的布擦拭管路和接头,仔细观察是否有渗漏。如果发生渗漏,可根据 AMM 手册或维修工作单位提供的上限定力值再次拧紧。如果再次检测发生渗漏,应该拆卸管路,检查管路接头,查找渗漏原因,更换管路接头组件。

3.2.2 螺接液压管路安装注意事项

1. 安装前准备

（1）检查保护堵盖

直至最终安装前才能拆除管路的保护堵盖（以免灰尘等杂质进入管路中，堵塞系统附件）。安装人员在装配过程中带好防护手套。

（2）安装前目视检查

安装硬管前，对于硬管做目视检查是必须的。主要内容有：

① 将装载管路的包装袋拆除后，检查导管组件表面是否有缺陷。缺陷包括凹坑、划伤、槽、管口椭圆、褶皱及管口过薄等。

注意：凹坑、划伤、槽等的损伤极限如图 3-12 所示，缺陷超出限制的管路不得安装在飞机机体上。

工作压力 P/psi	缺陷深度占名义壁厚的最大百分比/%
$P \geqslant 500$	5
$P < 500$	10
缺陷角 B/(°)	缺陷深度占名义壁厚的最大百分比/%
$B \geqslant 90$	5
$B < 90$	2

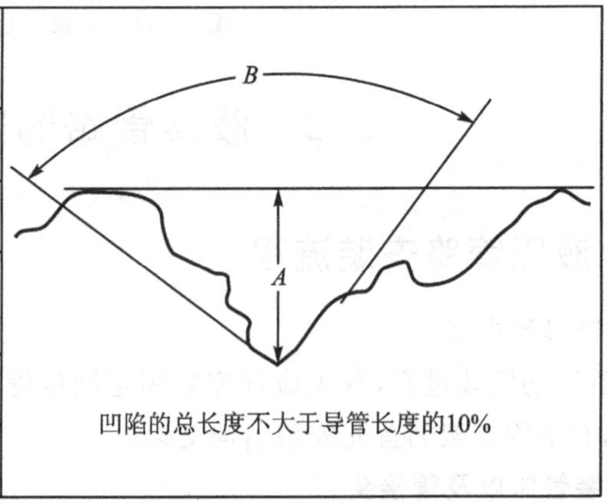

凹陷的总长度不大于导管长度的10%

图 3-12　损伤极限

② 检查管路有没有变形、开裂和腐蚀。

③ 检查管螺母、衬套和管接头是否有变形、开裂和损伤，管螺母和管接头的螺纹是否有损伤。

注意：如果发现不正常的情形，应停止管路安装，待处理完成（更换或维修）以后，再进行管路安装工作。

（3）准备安装工具

准备定力扳手等安装工具并确认定检标签。

2. 安装步骤

① 去掉管路座及相配的管路接头上的保护盖，检查管路外表及接头组件，根据标识连接管路。

② 对管路螺母上的螺纹及管路接头上的螺纹进行必要的润滑。

ⓐ 用丙酮清洁外螺纹并用清洁的揩布揩干，对螺纹接头使用防卡咬润滑剂润滑或者液压油。

ⓑ 仅在外螺纹上施加厌氧底胶，让厌氧底胶干燥。

③ 将管子安装在相配的管接头上，并用手拧紧。连接螺母应啮合到 1 到 2 牙的位置，且

仅在外螺纹上施加 2 滴螺纹锁固用的厌氧密封剂,然后将连接螺母拧紧到相应力矩数值。使用测力扳手,将其调至相应的力矩值,测力扳手的力矩值应该根据管路接头不同材料进行适当调整。可以根据 AMM 手册查找相应管路接头的力矩值。当使用力矩扳手无法接近管路接头螺母时,可用如下方法(控制力矩)进行非喇叭口管路接头的安装:先用手拧紧管路接头螺母,再用管路扳手拧紧硬管接头(1/6～1/3)圈。

④ 用两个扳手拧紧管螺母到力矩值并打保险。定力完成后施加定力条带进行防窜标识。用蘸有丙酮的最终清洁揩布擦去要施加条带的表面上的所有油迹。在经过螺母和接头区域,画一条连续清晰的防松标记条带(长约 12.70 mm,宽约 3.18 mm)。

⑤ 确保所安装的夹子及螺栓没有对管子造成应力或载荷。

3. 注意事项

1) 控制偏差

① 管路的径向偏差不应超过最大允许偏差:每 254 mm(10 in)管长为 0.79 mm((1/32) in)的限制。

② 管路的角度偏差不应超过最大允许偏差:2°,每英寸管长偏 0.89 mm(0.035 in)的限制。

2) 控制用力

管路末端应按需推入使管袖与接头锥面接触不要用力过大。

3) 管路间隙(以手册为准)

(1) 有支承处

在导管用卡箍固定在结构或其他刚性零件上的地方,卡箍两边导管与结构之间至少要有 6 mm 的间隙,而在卡箍处附近导管与结构之间至少要有 3 mm 的间隙。在相邻零件有相对运动处,在最不利的情况下也至少应有 6 mm 的间隙。

(2) 无支承处

为了防止在工作中由于变形或运动而与零件的凸出部分、螺栓、螺母、卡箍或结构锐棱处相接触,导管与上述物体之间必须留有足够的间隙,在最不利的情况下也应有不少于 6 mm 的间隙。

当导管通过结构减轻孔处时,必须采取措施避免导管与结构接触形成摩擦,推荐在此处的导管上安装卡箍固定导管。

(3) 与其他管路和线路

相互平行的氧气管路和液压管路之间至少要保持 50 mm 的距离。所有接头和连接点离开交叉点至少 50 mm 的距离。要固定交叉的液压管路,至少保持 6 mm 的距离。

3.2.3　软管安装注意事项

① 安装前准备。安装前,目视检查软管接头密封面、软管外套和接头螺纹是否有损伤,确保软管及接头完好,确保软管是清洁、未受污染的。若发现软管外套断丝(特氟隆),按以下程序处理:

ⓐ 在软管断丝处做上标记,以便于工作检查。

ⓑ 如果一个平面出现两根以上断丝或有几根断丝出现在某个集中区域,则不能使用该软管。

② 根据维护手册或工作单的要求,润滑软管接头外螺纹。螺纹润滑剂不允许进入管道内腔。使用清洁干燥的压缩空气或按设计要求清洁导管内部,使用丙酮清洁外表面,再用洁净干燥的压缩空气吹净,不立即完成安装的软管需用堵帽进行保护。

③ 将软管放在它的安装位置上,用手拧紧管螺母。

④ 确认软管未发生扭转、且长度合适,保证有 5%～8% 的松垂度,如图 3-13 所示。

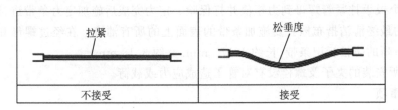

图 3-13　软直管安装比较

注意:如果有扭转出现,在使用一段时间后,软管会损伤或接头发生渗漏。拧紧管螺母后,可通过软管侧面的检查线检查是否发生扭转,如图 3-14 所示。

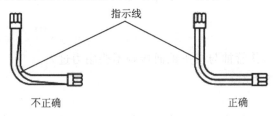

图 3-14　软弯管安装比较

⑤ 将软管螺母拧紧到要求的力矩值,拧紧时也需要使用两把扳手。

⑥ 如果定力扳手接近不方便,应先用手拧紧螺母,然后再用扳手拧紧(1/6～1/3)圈。

⑦ 安装管卡,确认软管与邻近的结构之间有足够的间隙(至少每隔 24 in 处有个支承点)。

⑧ 清洁软管表面及接头表面,恢复相关系统,按相关要求测试。渗漏检查时,用毛巾擦拭管路及接头,对系统增压 15 min 以上,检查接头是否渗漏。若发生渗漏,须查找原因并排除故障。

3.2.4　压接管路安装注意事项

1. 安装前准备

① 对压接设备进行有效期检查。

② 清理压接模具。用不锈钢刷子清理模具以去除模具组合件之间的收压碎屑;持清洁布蘸取丙酮清洗压接模具及导管待压接端。

③ 注意事项:检查压接设备有效期以及压接工具使用范围。残留在模具组合之间的碎屑可导致不充分收压,需及时清除。

2. 安装步骤

① 使用导管切割刀将导管割到规定长度。

注意事项:使用切割刀需注意力度,不能使导管有凹坑。

② 对切割的导管使用倒毛刺工具进行倒毛刺。

注意事项:倒毛刺所产生的倒角不能使管壁厚度减少量超过 1/3。

③ 选取与管径对应的标记工具。将标记工具挂在导管上并压紧,用低含氯量标记笔对导管进行标记,如图 3 – 15 所示。

注意事项:最少标记两处,若导管管径较大,可标记三处。标记相距至少 90°,确保槽口完整标记在管子上。

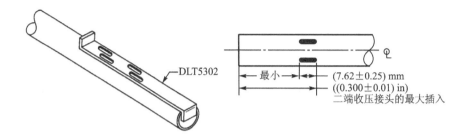

图 3 – 15　导管标记

④ 拆除包装,取出压接套,将管子放到规定的装配位置预定位。

注意事项:压接套包装必须在实际安装压接之前才能拆除,避免污染,检验压接套中的密封圈是否正常。确定导管处于接头标记位置范围内。

⑤ 连接收压工具(比如 DLT 系列收压工具),将泵启动到(3 500±1 500) psi,然后卸压至零,重复三次。

注意事项:将连有压接模具的一头悬空拎起,模具要低于气动泵位置,直至卸压结束。残留的空气会在收压模具中产生缓冲作用,从而降低收压动作。

⑥ 将压接套和导管插入压接模具内,确保导管处于正确压接位置。左手持非压接端导管,右手将压接模具套到标记范围内。开启气源开关进行压接。

注意事项:时刻监视压力表盘读数,保证气动泵压力为(10 000±250) psi。

⑦ 铝接头上由于收压边导致绿色特氟隆涂层破损处,需涂刷防腐涂层并涂上底漆。

注意事项:在不锈钢或钛接头上不需要涂。

⑧ 用检验规紧密贴合压接头以检验收压端头,一处合格后旋转 60°再次检验,重复至少三次。

注意事项:检验确认收压不合格时可参考上述步骤进行二次收压,二次收压前将收压模具从原收压位置转动约 90°。

3. 压接管路质量检查

如图 3 – 16 所示,为合格和不合格的压接接头。

4. 压接管路安装注意事项

① 导管保持与其他导管和结构的间隙。

② 导管上的叠折和凹痕不得超过最大允许范围。

③ 导管系统无明显预载。

④ 标记带清晰,无损伤,位置正确。

⑤ 导管和接头等量插入,使标记带两边对称。

⑥ 收压管子后检查收压端头。

⑦ 收压件不准有刻痕、凹坑、裂口、磨损和裂纹。

注意:对安装完成的产品进行保护。

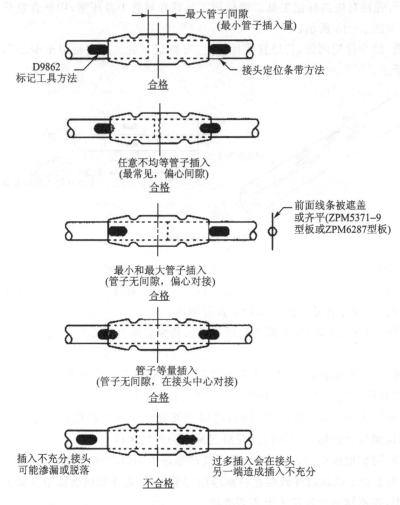

图 3-16 压接接头

3.2.5 管路拆装注意事项

1. 硬管管路拆装注意事项

① 硬管拆卸前,对硬管系统失效做出警示,在驾驶舱相应电门和操作手柄上挂警示牌。

② 硬管拆卸前,须对有压力的硬管系统充分释压。

③ 断开管路前,要使用必要的防护措施防止液体的泄漏,如封堵工具、接油盘准备到位。

④ 用正确方法清除溅落在人体和飞机上的油液。

⑤ 地面和工作梯油污清理干净。保持环境整洁,防止人员滑倒。

⑥ 不得改变管路的弯曲度,否则会导致错装、导致额外的内压,引起硬管裂纹。

⑦ 安装管路时,先将管路放入接头的底部,再用手拧紧,绝对不允许用拧紧螺母的方式来强行对正中心。

⑧ 拆卸管路前应做好管路位置标记,防止错装,错装会导致飞机系统的故障、人员的受伤和设备的损坏。

2. 软管管路拆装注意事项

① 明确所拆卸管路属于什么系统，失效相关系统，挂上禁止操作牌，拔出跳开关等。如：液压系统，应先对系统充分释压，并准备好接油盘等工具。

② 将所要拆卸管路与接头做好标记，以便于识别安装。

③ 松开软管支撑夹子，使用两把扳手拆卸管路。一把扳手固定管路接头，另一把扳手松开管路螺母。

④ 用堵头或密封袋封堵管端口和管接头，确保系统不受杂质污染。

⑤ 对拆卸软管挂牌，放置在规定的地方。

⑥ 如果液压油溅落在飞机上，应该立即清除干净，液压油会损坏飞机表面。

⑦ 在对氧气系统柔性软管维修之前，应首先阅读氧气系统安全预防措施和一般性维护说明，参阅维护手册 AMM 的 ATA35 章"氧气系统"。

3.2.6　硬管制作

硬管的制作过程包括切管、弯管、喇叭口接头和无喇叭口接头的制作。

1. 管道的预加工

为了防止锈蚀，制造厂家对金属管材成品都进行油封，在导管加工前，必须先预加工。预加工的内容通常包括除油、下料和去除毛刺。

1）除　油

除油就是除去管材内、外表面的油封和油脂。油脂按化学性质分为皂化类和非皂化类。这些油脂不溶于水，因此必须用有机溶剂将它们除去。这些有机溶剂对管材金属无腐蚀作用，但能溶解油脂。所以，除油就是油封油脂溶解于有机溶剂的过程。

除油后，管材上的标志要用脱漆剂洗掉。

2）下　料

供应状态的管材较长，加工不方便，所以必须切断成直毛料，这一过程叫下料。直毛料的长度应为导管长度与工艺余量（10%）的总和。

下料可以是单根的，也可以是多根的。一般单根或小批量生产，常用切管器、手锯，也可用车床、铣床下料。大批量生产则可用砂轮或专用切管机切割管子，用阳极机械加工方法切割钛合金管，但无论采用何种方法，应使切口处的毛刺越少越好。对于航空器维修工作，通常都是单根或小批量加工，在此，我们以切管器为例，介绍切管的过程。

切管时，可用切管器，当然也可用手锯来切断管子，切管器可用于各种软金属管，像铜、铝或铝合金管，切管器的正确使用如图 3-17 所示。

新切的一段管子应当比要更换的管子长约 10%，这样可以补偿弯管时的各种微小变化时的长度损耗，将管道放在切管器的卡槽内，使切割轮位于应切断位置上，围绕管子旋转切管器，间断地拧动指旋螺钉，对切割轮稍施压力。一次施加过大的压力会使管子变形或引起过多的毛刺。持续上述方法直到将管子切断。

若没有切管器，或管材很硬不适于用切管器切割时，可用细齿弓锯，最好选用 32 齿/in 的锯条。使用手锯可减少切割操作期间管子的加工硬化量。锯后应将管端锉成直角，且光滑，并清除所有的毛刺。

切割时固定小直径管的一个简单方法是将其置于一个组合的扩口工具中,并将该工具夹在虎钳上。在距扩口工具约 0.5 in 的地方进行切割。这一方法可使切割时的振动最小,并可防止切割时管子由于偶然碰到锯弓或锉刀把而引起损伤。应注意清除管子上的所有锉末和锯屑。

3) 去除毛刺

经下料所得的直毛料管子,切断处总会有一些毛刺。在后续加工以前必须除去这些毛刺。除毛刺的方法一般分为手工方法和机械方法。

(1) 手工方法

操作人员使用锉刀、刮刀或是附于切管器上的去毛刺刃口来去除毛刺,直到锉出或刮出光泽为止。去毛刺操作时,要极其注意管端壁厚不能有所减薄和出现裂纹,此类十分轻微的损伤都可以导致喇叭口破裂或者造成不能完全封严的不合格喇叭口,可用一细齿锉刀将端面锉成直角和将其锉光滑。

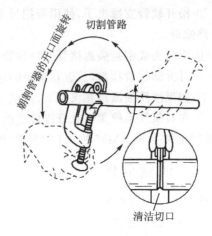

图 3-17 硬管切制

(2) 机械方法

当仅需除去管子两端内径管口的锋利毛刺时,可用图 3-18 所示的锥铰刀铰光管口毛刺。可将管口铰刀的柄部夹在机床主轴上,由动力带动旋转,将管子端头向旋转的管口铰刀送进,就可将管子内径管口的锋利毛刺除去。

图 3-18 所示是一种高效率的管子去毛刺工具,它由喇叭口铣刀和锥齿铣刀装配而成。用它可同时把管端的内外毛刺除去,除毛刺的方法与锥铰刀相同。

无论哪种方法去毛刺,都应保证管端内外壁有圆滑过渡,以防在正式加工管端时出现裂纹。

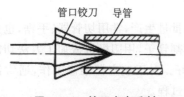

图 3-18 铰刀去内毛刺

② 管子的外壁会变薄,甚至破裂。
③ 管子的内壁会变厚,甚至起皱。
④ 当施加于弯管的力松开后,管子会产生弹性回跳。

这几点既影响加工质量,又对以后的使用过程产生不利的影响,尤其是阻力损失,甚至会造成隐患,使导管在使用过程中突然损坏。所以,在弯管时应注意以上几点,使管子能在最小弯曲半径上得到最佳的弯曲质量。

2. 弯 管

由于连接的需要,管路系统的导管有一定的弯曲要求,有的呈平面弯曲,也有的呈空间弯曲。弯曲加工质量的好坏,对导管的工作影响很大,所以弯管是导管加工的一个重要工序。

1) 金属管子在弯管时的注意事项

① 管子弯曲部分横截面变成椭圆甚至压瘪。

2) 弯管形式

主要的弯管形式包括手动弯管、弯管器弯管、夹具弯管和大口径夹具弯管四种形式。

（1）手动弯管

直径为（1/4）in 以下的管子通常可不用弯管工具而将其弯曲，即直径＜（1/4）in 的硬管，可直接用手动弯管。

（2）弯管器弯管

弯管器弯管操作步骤如图 3-19 所示，适用于直径≥（1/4）in、≤1 in 的硬管施工。用手工弯管器弯管时，尽可能提起滑杆手柄，将管插入。调节手柄以使沿杆中槽子的全长与管子接触。半径块上的 0 标记必须与滑杆上的标记对齐。转动手柄产生弯曲，同时注意半径块上的刻度，直到得到了希望的弯角为止。

弯管器弯管的操作步骤如下：

① 向上提起滑杆。

② 置放管子。

③ 放卡子于管子上。

④ 0 位标记与杆上标记对齐。

⑤ 压下手柄连续弯管到希望的角度。

⑥ 提起滑杆手柄到原来位置并取下卡子，取出弯管。

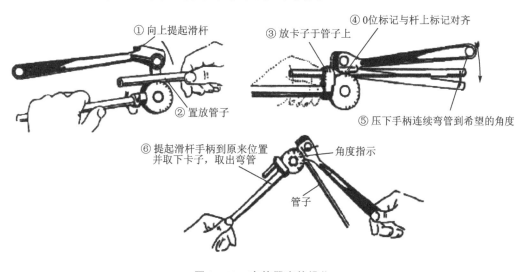

图 3-19　弯管器弯管操作

（3）夹具弯管

弯管操作的目的是要获得一段平滑的弯管而不弄折管子。

用夹具弯管，如图 3-20 所示，适用于直径≥（3/8）in、≤3 in 的硬管施工。管直径＞3 in 的用大口径夹具弯管（注意，这种弯管管内必须放置填充物，常用的是沙子，超过 4 in 的还必须在弯管处加热）。使用一种易熔合金代替砂，把管子放在热水中，用 71 ℃（160 ℉）熔化的易熔合金灌满。

弯管应小心，避免过多地压扁、弯折和弄皱管子。弯曲中允许少量的压扁，但压扁部分的最小直径不能小于原外径的 75%。压扁、弄皱或弯曲不规则的管道不应安装使用。如图 3-21 所示为弯管后可能出现的情形。

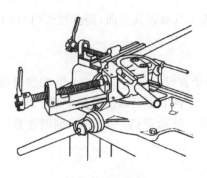

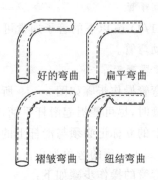

图 3-20　夹具弯曲　　　　　　　　图 3-21　硬管弯曲外形

3. 喇叭口接头制作

喇叭口接头制作如图 3-22 所示。

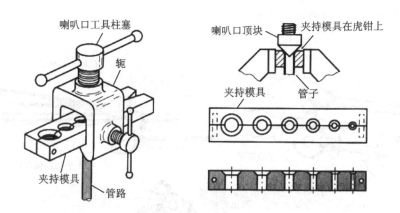

图 3-22　喇叭口接头制作

（1）喇叭口接头制作步骤

① 清洁管口及内部（制作喇叭口所需要的那部分），套上衬套，管螺母将管子伸进工具上合适的直径内（注意方向不能反）。

② 管子露出工具上表面一个硬币的厚度（对于管壁较厚的管，也可以用一个管壁的厚度），夹紧。

③ 将工具锥头擦拭干净，然后在锥头处涂上润滑油。

④ 旋转锥头手柄直到锥头与管子接触。然后每旋转手柄一圈，用木锤轻敲击手柄头部一下（需要注意的是，喇叭口是在制作过程中挤压出来的，而不是敲出来的）。

⑤ 每转一圈注意观察外管壁，当外管壁接触到工具的锥形面上时，再拧手柄（1/8～1/6）圈。特别注意最后一次的动作必须是拧手柄，不允许是敲击。

⑥ 从扩口工具上拆下硬管，检查接头。

（2）喇叭口质量要求

① 喇叭口要高于衬套的上表面。

② 喇叭口的最大直径应当延伸到套筒端面之外（1/16）in，必须小于或等于套筒的外径。

③ 喇叭口内光滑均匀,无偏斜、裂纹、挤压痕迹、划痕等。

④ 套筒螺母与喇叭口的相对位置正确。

4. 无喇叭口接头制作

无喇叭口接头制作如图 3 - 23 所示。

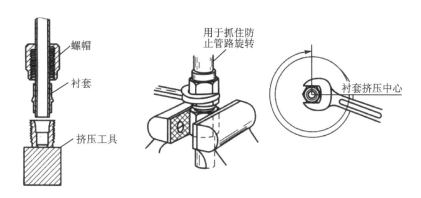

图 3 - 23　无喇叭口接头制作

(1) 无喇叭口接头制作步骤

① 清洁硬管内外部,在管口装上管螺母和锥形衬套,用润滑剂润滑模具接头和锥形衬套,润滑部位如图 3 - 24 所示。

② 将硬管垂直伸入模具接头内部,直到底部端口。

③ 用手将管螺母与模具接头的螺纹拧在一起。

④ 根据管路的材料。外径≤0.5 in 的铝合金管,拧紧螺母转动 1～(1+1/6)圈,对钢管外径超过(1/2) in 的铝合金管,拧紧为(1+1/6)～(1+1/2)圈。

⑤ 拆下管螺母,检查接头。

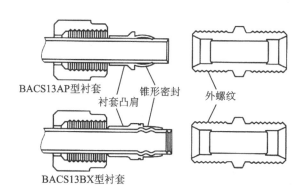

图 3 - 24　无喇叭口接头润滑点

(2) 无喇叭口的检查要求

① 管口端面必须均匀平整。

② 管子内部必须有一个凸起波纹(双切割边必须有两个凸起波纹)。

③ 管套前部应是均匀的弯曲环形。

④ 管套允许有一点周向移动,但在轴向不允许有任何移动。

⑤ 管路内径的缩减量不得超过 0.005 in。

⑥ 衬套表面无刮痕、刻痕和其他缺陷。

3.3　环控管路的安装要求

环境控制系统管路主要按照功能区分,分为高压管路和低压管路。发动机气源产生的高温高压气体,由高压管路输送,通过空调组件调节后用低压管路输送到驾驶舱、客舱、厨房及盥洗室、电子设备舱和货舱,废气通过排气活门排到机外,满足座舱通风、增压和温度调节的要求。

3.3.1　环控管路安装通用要求

① 导管及设备安装前,应目视检查其表面是否有划伤、凹痕,通道内是否有异物;应确保设备及管路的连接部位是清洁及状态良好的;对于内部通道有尘埃迹象的导管,应使用清洁、干燥的压缩空气吹净后方能装机;安装中断时间有可能超过 4 h 时,应盖上堵头。

② 导管、设备、导管与设备间的连接不允许有应力。

③ 设备/导管与固定结构之间应有不小于 6.35 mm 的间隙,导管与邻近活动部件之间应有不小于 19.05 mm 的间隙;当距导管固定处不超过 150 mm 时,间隙允许减至 3~5 mm;导管通过区域的结构孔缘不应有毛刺或尖角,当导管在此处固定时,间隙最小允许减至 2 mm;导管在通过地板夹层时,由于地板夹层空间限制,对间隙不作要求;对于较小空间内存在两根或两根以上管路的,由于空间限制使得管路布置间隙难以满足最小间隙要求,在这样空间内的管路如果都带保温层软管,则这些软管在安装完成后可以处于接触状态。

④ 安装过程同一根管线的所有卡箍都应该保持自由状态,不要拧紧,按图纸检查所有导管卡箍安装位置正确后,保持软管自由状态,然后按照卡箍预紧力的要求拧紧卡箍。

3.3.2　环控管路安装流程

1. 安装环控导管支架

在结构框上安装固定环控管路卡箍的结构支架,以及固定管路用的各类卡箍。

2. 预排环控管路

将环控管路按照工程数模和走向预先排布在飞机上,固定卡箍无需定力,管路之间暂不连接。预先排放环控管路能够防止公差积累,提前发现问题,减少排故工程更改及现场操作工作量。

3. 环控管路连接

将环控管路与管路之间、管路与成品设备以及管路与机体结构进行最终连接。

4. 管路气密试验

进行环控管路气密试验,对管路安装进行验证。

3.4　燃油系统管路的安装要求

按照材料分类,燃油系统管路可分为铝合金导管以及不锈钢导管。按照功能分类,燃油系统管路可分为加油管路、放油管路、供油管路等。

3.4.1　燃油系统管路安装通用要求

燃油系统管路的安装要求如下：

① 导管、接头取下堵塞后，应用经过过滤的干燥压缩空气吹净后方可装在飞机上。当安装工作中断时，必须将敞开端封好。

② 导管的安装方向应确保导管表面上的流向标识与原理图的流动方向一致，无流向标识和具有双向流向标识的管路除外。

③ 同一管线两定位点间的柔性连接导管先进行预安装，预安装时确保导管与导管之间的非同轴度和间隙满足要求。

④ 导管在飞机上的固定不应有松动，导管的固定不允许采用应力安装。

⑤ 油箱内，导管与固定结构之间的间隙应不小于 12.7 mm(0.5 in)，导管与活动件之间的间隙应不小于 12.7 mm(0.5 in)，导管通过结构的孔缘不应有毛刺或尖角，距离孔缘的间隙应不小于 12.7 mm(0.5 in)。

⑥ 油箱外，导管与固定结构之间的间隙应不小于 9.53 mm(0.375 in)；导管与活动件之间的间隙应不小于 12.7 mm(0.5 in)，当距导管固定处不超过 150 mm 时，间隙分别允许减小至 3 mm 和 5 mm。导管通过结构的孔缘不应有毛刺或尖角，当导管在此处固定时，间隙允许减小至不小于 2 mm。

部分管路的连接如压接、螺接形式以及注意事项与液压管路相同，在此不再赘述。

3.4.2　燃油管路柔性管接头安装通用要求及步骤

1. 柔性管接头安装通用要求

柔性接头连接安装由管路件、柔性接头、套环、密封圈、自锁塑料扎带组成，如图 3 - 25 所示，柔性接头连接安装之前，应确保安装环境清洁、干燥，其管路未加压，管路内无燃油和燃油蒸气，管路件良好接地。相应管路应按照图纸数模要求进行预安装，固定卡箍和管路的紧固件进行初步安装，但需保证管路可在轴向和径向移动调整。如有需要可用沾有异丙醇的软棉布擦拭清洁所需要安装的部件。

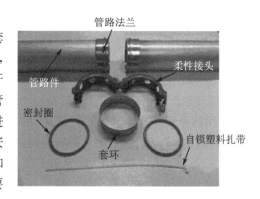

图 3 - 25　柔性管接头组成

2. 柔性管接头安装步骤

（1）安装套环

① 确保管路按照装配数模对齐和支撑，在两个管路的管袖之间留出适当的偏移量和空间，以确保有足够的空间（轴向和径向）将套环套入一个管路件的管袖上。

② 用沾有异丙醇的软棉布擦拭清洁套环和管袖的法兰，并在套环内表面涂抹润滑剂，将套环套入一个管袖的法兰上，并将套环移过管袖法兰上的密封圈安装槽，以方便密封圈的安装。

③ 用沾有异丙醇的软棉布擦拭清洁管袖法兰和密封圈，用润滑剂润滑密封圈和法兰上的密封圈槽，在每个管袖法兰的密封圈槽内安装密封圈。

④ 轻轻摇摆并向密封圈方向移动套环,应沿着套环的周向均匀移动套环,确保密封圈没有移出密封圈槽,且无损坏、箍缩或扭曲。

⑤ 套环移动安装在第二个法兰密封圈之前,按照要求,两法兰的间隙满足 2～4 mm,4 in 管路法兰的间隙满足 3～5 mm,紧固固定卡箍和管路的紧固件,之后向另一密封圈方向移动套环,确保法兰和密封圈槽都被套环包裹,以方便柔性接头的安装;安装后用沾有异丙醇的软棉布擦拭清洁套环和管袖法兰。

（2）柔性接头安装

注意安装前视觉检查柔性接头清洁、且无刮擦或其他损坏,如有任何损坏则应更换。

① 打开柔性接头壳体,将柔性接头壳体沿着套环四周套在套环上。

② 合拢柔性接头壳体,用一半壳体上的爪钩闩锁锁紧在另一半壳体的轴销上,锁紧瞬间听到"啪"声,确保锁紧到位。关闭第二闩锁至锁紧到轴销上,第二闩锁锁紧后能完全包裹爪钩闩锁装置,确保其锁紧状态。

3.4.3 双层套管安装通用要求及步骤

1. 双层套管安装通用要求

双层套管接头连接安装之前,应确保安装环境清洁、干燥,其管路未加压,管路内无燃油和燃油蒸气,管路件良好接地。

2. 双层套管安装步骤

① 安装前应确保所有的双层套管接头连接组件和管路法兰都用沾有异丙醇的软棉布擦拭清洁、且无刮擦或其他损坏,应特别注意 O 形密封圈的接触面,如有任何损坏应对其进行更换,并使用新的 O 形密封圈进行安装。确保管路按照装配数模对齐和支撑,在两个内层管路管袖法兰面之间留出适当的偏移量和空间,以确保有足够的间隙将套环套入一个内层管路法兰上,将挡圈组件分别套入两个外层管的管袖法兰之内。

② 在外层接头螺母和外层连接接头涂抹润滑剂,向两个管路内侧推动挡圈组件,并将外层接头螺母和外层连接接头分别套入两个管路上。

③ 用沾有异丙醇的软棉布擦拭清洁管袖法兰和密封圈,用润滑剂润滑密封圈和管袖法兰上的密封圈槽,在每个管袖法兰的密封圈槽内安装密封圈。

④ 安装内层柔性接头组件(除不安装自锁扎带之外),并在安装套环后紧固固定管路的紧固件,并将挡圈组件嵌入外层接头螺母和外层连接接头内。

⑤ 用沾有异丙醇的软棉布擦拭清洁内层接头、内外层管路管袖法兰以及外层连接接头,小心移动外层连接接头,使其包裹覆盖住两侧外层管路的法兰,转动螺母与接头相连接,螺母上的黄色条状带应完全被接头覆盖,接头上的锁紧环与螺母上的定位装置对齐,安装完后测量两个管路之间的电阻值不能超过 1 Ω。

思考题

1. 飞机管路系统的组成有哪些?
2. 现代飞机使用的硬管材料主要有哪些?
3. 飞机管路连接有哪些?

4. 飞机液压管路安装流程是什么？

5. 螺接液压管路安装步骤是什么？

6. 软管安装注意事项有哪些？

7. 压接管路安装步骤是什么？

8. 硬管管路拆装注意事项有哪些？

9. 软管管路拆装注意事项有哪些？

10. 硬管管道的预加工包括哪些内容？

11. 金属管子在弯管时的注意事项有哪些？

12. 弯管器弯管的操作步骤有哪些？

13. 喇叭口接头制作步骤有哪些？

14. 无喇叭口接头制作步骤有哪些？

15. 管路修理注意事项有哪些？

16. 环控管路安装流程是什么？

17. 燃油系统管路安装通用要求是什么？

第4章　操纵钢索的拆装与检查

4.1　基本知识

4.1.1　飞机操纵系统组成

1. 飞机操纵面

飞机操纵系统分为主操纵系统和辅助操纵系统。主操纵系统包括：升降舵、方向舵、副翼。辅助操纵系统包括：升降舵调整片、方向舵调整片、副翼调整片、襟翼、缝翼、扰流板等。飞机主要操纵面如图4-1所示。每一个操纵面通常由以下三部分组成：

① 控制机构，如驾驶杆、脚蹬和操纵手柄等。

② 传动机构，如推拉杆、钢索、摇臂、扇形盘、导向滑轮、扭力管等。

③ 执行机构，如液压作动筒、舵面等。

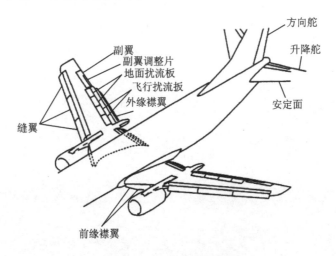

图4-1　飞机主要操纵面

2. 操纵系统分类

飞机操纵系统按传输的方式不同可分为以下几种：

① 软式操纵由钢索、钢索连接器、滑轮、扇形轮、摇臂、扭力轴及张力补偿器等组成。

② 硬式操纵由传动杆、摇臂、导向滑轮、扭力轴等组成。

③ 混合式操纵由软式操纵部件和硬式操纵部件混合组成。

④ 电传操纵在空客飞机和B777飞机上采用。

钢索作为软式传动机构的主要构件，广泛应用于飞行主要操纵系统中。除此之外，还应用在发动机操纵、起落架紧急放下、前轮转弯、刹车操纵装置等次要操纵系统中。

4.1.2　操纵钢索组成

钢索操纵系统除钢索之外,还包括钢索接头、松紧螺套、滑轮、扇形盘、导索板、护索环、气动封严、张力补偿器、钢索鼓轮、校装销等。

1. 钢　索

(1) 钢索材料

钢索单体结构是钢丝,由碳素钢或不锈钢材料制成。碳素钢钢索表面通常是包锌镀锡的。

(2) 钢索的规格型号

钢索的规格型号就是按所具有的钢丝股数和每股钢丝根数来识别的,采用两位数编码第一个数字是股数,第二个数字是每股的钢丝数。最广泛应用的航空钢索为"7×7"(7 股,每股 7 根钢丝)和"7×19"两类(7 股,每股 19 根钢丝),如图 4-2 所示。

钢丝的直径决定了钢索的尺寸,一般范围为(1/16~3/8) in,以(1/32) in 为单位递增或递减。

2. 钢索接头

钢索接头通过挤压在钢索的端头成形,用于钢索之间、钢索与其他部件的连接。

常用的钢索接头如图 4-3 所示,有双柄球头式、单柄球头式、端杆接头式、叉形接头式、环眼接头式、螺纹接头式等。

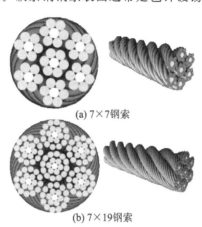

(a) 7×7钢索

(b) 7×19钢索

图 4-2　钢索的规格型号

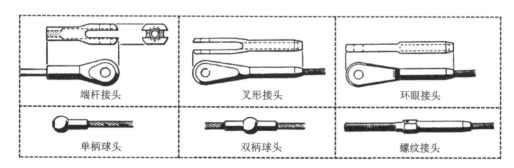

| 端杆接头 | 叉形接头 | 环眼接头 |
| 单柄球头 | 双柄球头 | 螺纹接头 |

图 4-3　常用钢索接头

3. 松紧螺套

松紧螺套用于螺纹接头式钢索接头的连接,其作用是少量地调节钢索长度以调整钢索的张力大小。因此,松紧螺套一端为右旋螺纹,另一端为左旋螺纹,与螺套两端相配的钢索接头也是左旋或右旋螺纹。为了便于识别,在松紧螺套左旋螺纹一端刻有一道槽线或滚花,如图 4-4 所示。

4. 滑　轮

滑轮用来支撑钢索和改变钢索的运动方向。滑轮的制造材料一般是胶木或硬铝。滑轮的轮缘使用中不应有损坏。滑轮装配的基本构造如图 4-5 所示。

图 4-4　松紧螺套

5. 扇形盘

扇形盘也叫扇形臂,既具有滑轮的作用,还可以改变力的大小。在某些地方必须用扇形盘与钢索连接,可以避免钢索被额外拉伸。扇形盘装配基本构造如图 4-6 所示。

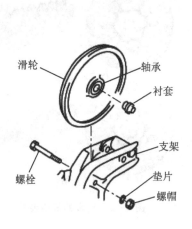

图 4-5　滑轮装配

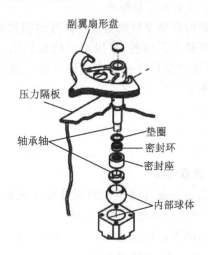

图 4-6　扇形盘装配

6. 导索板、护索环

导索板、护索环是由耐磨材料制成的,可以在钢索拆装工作中起导向作用,还可限制钢索的径向跳动,避免钢索与邻近结构产生摩擦,防止钢索损伤。导索板如图 4-7 所示,护索环如图 4-8 所示。

图 4-7　导索板

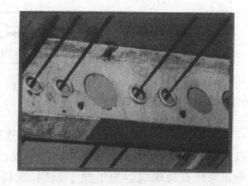

图 4-8　护索环

7. 气动封严

气动封严安装在操纵钢索从增压区到非增压区的飞机增压密封框架上。密封组件包括一个对半分开的非金属材料的球,它由密封板和密封盖支承。密封件的间隙过大会产生飞机漏气,间隙过小会使钢索过早磨损。气动封严装配如图 4 - 9 所示。

8. 张力补偿器

由于飞机机体上的外载荷的变化和周围气温的变化,飞机机体结构和飞机操纵系统之间会产生不同程度的相对变形,因而钢索可能会变松或变紧。变松将发生弹性间隙,过紧产生附加摩擦。钢索张力补偿器的作用是保证钢索调节正确的张力不受以上因素的影响,以确保操纵的准确。如图 4 - 10 所示为补偿滑轮型钢索张力补偿器。此外,它也具有钢索扇形盘的作用。

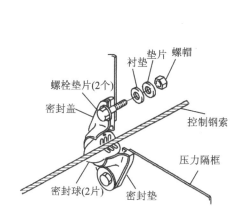

图 4 - 9　气动封严装配

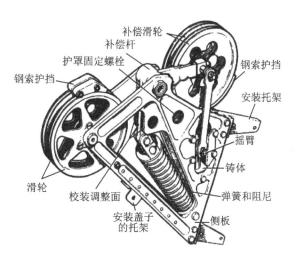

图 4 - 10　补偿滑轮型钢索张力补偿器

9. 鼓轮和校装销

鼓轮和校装销如图 4 - 11 所示。鼓轮既可以给操纵钢索导向、支撑钢索,也可以与操纵系统的执行机构连接,控制飞机操纵。校装销用于飞机钢索张力校装。校装销的作用是使操纵系统处于中立位置。不同系统做钢索张力校装时,其校装销的长短粗细是不一样的,应按照 AMM 手册或工作单施工。钢索张力校装完毕,须从飞机上拆除校装销。

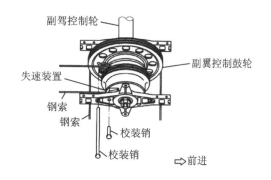

图 4 - 11　鼓轮和校装销

4.1.3　推拉杆

推拉杆用于传递推力、拉力,大多用铝合金管制成,也有用钢管制成。为使推拉杆受压时不易失去稳定性并避免产生共振,推拉杆一般不宜过长(2 m 以内)。

1. 推拉杆的组成

杆身两端各装有可调节长短的接头和锁紧螺母,锁紧螺母的作用是当杆端接头调节长短后,挤紧接头的螺纹,以保持锁定固位。调节组件包括:保险垫片、锁紧螺母和拉杆接头。推拉杆如图 4 - 12 所示。

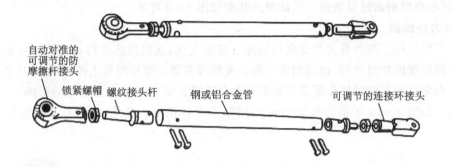

图 4 - 12　推拉杆

　　推拉杆不仅做直线往复运动,而且要相对摇臂转动,因此在接头内通常装有轴承。有些推拉杆还要绕本身转动和向两侧摆动,因此装有旋转接头;为使推拉杆能摆动,在接头上装有球形轴承,如图 4 - 13 所示。

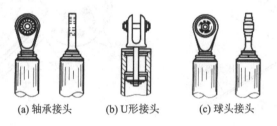

(a) 轴承接头　　(b) U形接头　　(c) 球头接头

图 4 - 13　推拉杆接头

2. 推拉杆的调节

① 推拉杆的调节量应由手册相关规定参数决定。

② 在调长传动杆时,注意不要使调节螺杆退出过多,否则螺纹受力圈数过少,影响传动时受力。为此在传动杆调节后应检查调节螺杆的末端不应超过观察孔的位置。

③ 在调短传动杆时,可调接头上应留有一定的螺纹,以便在使用中有调节余地。

④ 传动杆调节后应做相关的检查,传动杆表面应平滑,无裂纹、压坑、划伤、锈蚀和固定销(铆钉)松动。各种损伤的允限应以该型飞机的规定为准。

4.2　钢索维护施工

4.2.1　钢索接头制作

1. 直杆型接头的挤压

(1) 准备钢索和接头

钢索和接头的尺寸相匹配是非常重要的。使用量规检查接头杆外径,确保与钢索尺寸相符。在挤压前,将钢索端头剪平,并防止个别钢索分支是非常重要的,必要时需要重新切断钢索修整端头,此外钢索在接头内全长结合是很重要的,这样挤压结合才可以达到最大强度。

将钢索插入接头的一半深度,握紧靠近接头端部的钢索,将钢索弯曲,保证在插入挤压设备时钢索不会脱出接头,如图 4 - 14 所示。

将钢索插入按头孔底,对于 MS20667 叉形接头,插入钢索距孔底(1/8～1/4) in。

（2）挤　　压

① 根据接头杆部通过的量规孔选择对应的滚轮块。

② 握住机器下滚轮端面上的两个凸销,旋转滚轮使两个滚轮的缺口的中心对正,留出两滚轮间隙用来在滚轮之间放入接头,把钢索接头放入导向装置,使钢索接头的自由端靠在导向装置接头上,如图 4－15 所示。把导向装置尽可能向右滑到底,然后用手逆时针旋转下滚轮直至距离仅为一个钢索接头外径为止。

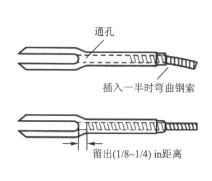

图 4－14　钢索插入位置

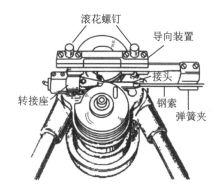

图 4－15　手动挤压设备

③ 用手扳动挤压机手柄直至滚过整个钢索接头套筒。为了消除纵向压痕,从第一位置处将接头旋转 90° 挤压通过滚轮。第二次挤压后,接头杆就会变得平滑光圆。注意:挤压不能超过 4 次(过度挤压会产生硬化裂纹)。

（3）检　　查

用量规测量挤压过的接头杆部,接头杆部应能顺利通过量规槽口,如图 4－16 所示。残留的毛刺不能超过 0.01 in。如果接头仍不符合要求,则需进行再一次的挤压,使它符合规定要求。量规如图 4－17 所示。

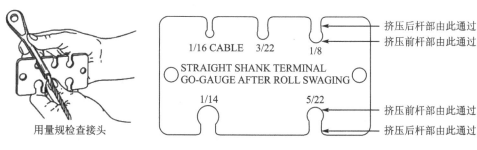

图 4－16　直杆接头检查　　　　图 4－17　直杆接头检查量规

2. 球形杆接头的挤压

用于挤压球形杆接头的滚轮的端上刻有"上""下"字样,并有和它们所匹配的钢索的直径。与直杆接头不同,每个滚轮都有 4 个间隙平台间隔的有效弧线,这些有效弧线编号为 1、2、3、4。这些号码也可刻在滚轮前端面相应弧线的中间点上。在每个有效弧线凹槽的中间点有一个袋穴,其尺寸与待挤压的接头的球头相匹配。下滚轮和制作直杆接头一样,有两销钉凸出端面,使操纵者可以用手操作。

(1) 机器装配

根据滚轮上的数字挑选一对滚轮,把标有"上"的滚轮装到机器的顶轴,把标有"下"的滚轮装在下轴上,并使凸出的两个销钉朝外。当滚轮上的键与滚键槽结合时,使两个滚轮标记刚好对正。不要用工具敲打使其到底,而要用手推动轴上的滚轮到底,并用滚轮垫片和螺钉把滚轮固定好。用两个滚花螺钉把导进组件装进机器内,机器就可以挤压球形杆接头了。

(2) 准备钢索和接头

挑选一个球形杆接头,以容纳所要使用的钢索直径。接头杆部应能进入标有 SHANK(杆部)的圆形孔内。球头应能进入量规标有 BALLS(球头)的圆孔内。按照操作需要,把接头的球头纵向定位在钢索上,并把此位置标出来。

(3) 单杆球形接头的挤压

单杆球形接头正确定位在钢索上后,用下滚轮的两个销钉转动滚轮,直到接头刚好进入滚轮 1 号位置的袋穴内。应当确保接头正确放置好,使杆部套筒朝右。通过滚轮的 1 号位置慢慢转动滚轮以压缩钢索上的接头。确保球头正确进入袋穴内以防止变形。

为了去除第 1 次留下的压痕,从初始位置转动接头 90°,并重新转动滚轮以便球头正确进入 2 号袋穴内,然后进行挤压。在滚轮 3、4 号位置重复上述挤压步骤。在做第 3 次时,转动接头 45°;在做第 4 次时,转动接头 90°。如图 4 - 18 所示的是球形接头量规测量杆部和球头的正确直径。杆部和球头都应该通过量规中的规定槽口。如果需要再次减径,可将接头通过 4 号位置滚压,但在滚压前,需转动接头 90°。

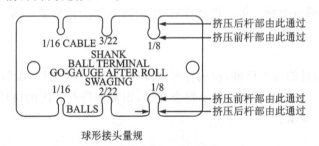

图 4 - 18 球形接头量规

3. 钢索接头的拉力测试

接头靠挤压变形与钢索紧密配合,钢索挤压成功与否直接影响飞机的操纵功能。如果挤压不合格,钢索受力拉伸时,可能会与接头滑脱,造成操纵系统传动中断。因此,在每次完成钢索接头挤压后,必须对钢索和接头的连接进行拉力测试。

如图 4 - 19 所示为 AT520CT 钢索拉力测试器。为了有效使用拉力测试器,必须按设备的使用说明进行施工。

① 尽可能逆时针方向转动张力调节螺丝、夹钳螺丝和粗调螺丝到底,准备好测试器。

② 选择一对适合的钳爪和转接座。

③ 把接头转接座和挂钩连接。如果要测试一股带螺纹的接头,把转接座安放到挂钩以前应把接头拧到转接座内。

④ 安装任一钳爪到开口内,凸缘朝左,铜衬垫的凹槽朝上,把钢索放置在铜衬垫的凹槽内。在钢索上安装上钳爪和铜衬垫。

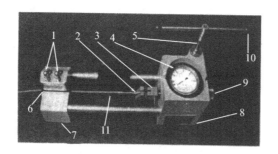

1—夹钳螺丝；2—转接座；3—挂钩；4—表盘；5—调节螺丝；
6—钳爪；7—开口；8—装载头；9—粗调螺丝；10—手柄；11—钢索

图 4 - 19　AT520CT 钢索拉力测试器

⑤ 拉动钢索，去除松弛现象，并将钢索固定在铜衬垫槽中间。沿紧固块卷曲钢索一圈。在拧紧紧固块的调节螺钉之前，用拉紧钢索的方法使紧固块自己对正。

⑥ 把钳爪推向装载头直到托肩靠上夹钳。

⑦ 顺时针转动夹钳螺丝以拧紧钢索的钳爪（两个钳爪都被牢牢地拧紧，这样才能防止在试验中钢索滑动的可能性）。

⑧ 如果在较大的钢索中发现了滑动，可以使用紧固块。松开紧固块，使其滑向试验器的中央。

⑨ 转动粗调螺丝，直到表中有一些反应。

⑩ 顺时针拧张力调节螺丝，直到所期望的数值在张力表中显示出来。

⑪ 在钢索和接头处测试完毕后，按下列要求进行操作：

ⓐ 尽可能逆时针拧动张力调节螺丝到底；

ⓑ 尽可能逆时针拧动粗调螺丝到底；

ⓒ 尽可能逆时针拧动夹钳螺丝到底；

ⓓ 从挂钩上拆下接头转接座；

ⓔ 把钢索和夹具取下。

4.2.2　操纵钢索拆卸

飞机各操纵钢索系统都有特定的拆卸程序，下面给出的仅仅是操纵钢索拆卸的一般工作步骤，如果拆卸飞机某一特定系统的操纵钢索，需根据 AMM 手册或工作单的程序实施拆卸工作。

1. 操纵钢索拆卸步骤

飞机操纵钢索拆卸的一般工作步骤如下：

① 安装校装销（如果要脱开钢索，需在相应的鼓轮和扇形盘上安装校装销）。

② 使用标识带在所拆钢索接头上作记号。

③ 拧开松紧螺套，以卸去钢索的张力。

④ 如果需要，拆卸控制钢索控制部件，如：滑轮、导向环、钢索空气封严等。

⑤ 安装钢索夹子，保持钢索的微量张力。注意：微量张力作用是保持钢索在导向滑轮上，防止钢索从滑轮、扇形盘上松开。

⑥ 在拉出钢索前,将新、旧钢索接头连接在一起。在拆下旧钢索的同时安装新钢索,用旧钢索拉动新钢索到规定位置。

2. 操纵钢索的清洁和润滑

用干燥不起毛的布包住钢索,采用"拉布法"来回擦拭。对于不锈钢材料制成的钢索,禁止使用润滑油脂对其进行润滑。

(1)碳素钢操纵钢索的润滑要求

① 要在钢索的全行程涂一层薄薄的润滑脂。

② 在涂上润滑脂后,用清洁的布擦拭,只留下一层薄薄的润滑脂。

③ 在以下区域不能涂润滑脂,否则会阻碍钢索的移动:导索板、导索环、气动封严、滑轮、扇形盘、鼓轮。

(2)钢索清洁和润滑注意事项

① 由于溶剂(丁酮、洗剂、脱脂溶剂)对钢索内的润滑剂具有溶解作用,不要将钢索浸泡在溶剂中。

② 在大翼和吊舱等邻近高温的区域,钢索的润滑剂很容易失效,应重点检查。

③ 不要使用溶剂、油脂或油液润滑不锈钢钢索。这些材料会聚集污染物,会损伤不锈钢钢索内部股与股之间的表面,会降低钢索的使用寿命。

4.2.3 操纵钢索安装

1. 钢索安装前准备注意事项

① 钢索上有锈蚀、擦伤、严重扭结(弯曲角度不大于 30°),不可装机。只有直径 1.59 mm((1/16) in)和 2.37 mm((3/32) in)的钢索,弯曲到不大于 30°角时可以用手工方法校直。

② 7×19 的钢索不允许有断丝。除 7×19 钢索外,允许每根钢索组件有一根钢丝断裂,但断头修整后应与钢索表面齐平,并且表面光滑。

③ 不严重的扭结,可以手工拉直。

④ 其他分组件如有机械损伤,不可装机。

⑤ 检查不同直径、不同股数的钢索盘绕的最小直径是否符合。

⑥ 钢索接头螺纹端用保护胶带保护,在连接松紧螺套套筒之前不可去除接头上的胶带。应用航空清洗汽油清洗螺纹,并用干净的棉布擦干。

2. 操纵钢索安装一般步骤

① 如果需要,拆下滑轮和钢索空气封严。

② 用干燥不起毛的粗棉布擦拭新钢索;给碳素钢索涂上一层薄薄的润滑脂,将新钢索与旧钢索连接在一起,保持微量张力情况下,拉出旧钢索的同时也拉入新钢索。

③ 安装滑轮、空气封严装置(如果已拆卸的情况下)。

④ 制作钢索接头,并为接头提供载荷试验,安装钢索另一端与其对应的接头。

⑤ 用干燥不起毛的粗棉布清洁导索环、空气封严、滑轮、扇形盘、鼓轮上的钢索。

⑥ 在钢索接头上安装松紧螺套。在接头螺纹上涂敷润滑脂或润滑剂,然后拧入松紧螺套中。两个接头拧入套筒中的圈数必须相同,且保证其拧入后露出 3 牙外螺纹。

⑦ 从扇形盘和控制钢索上拆下钢索夹子。

⑧ 参考相应系统章节中的"温度-张力图表",做新钢索张力测试和调节。安装新钢索,首

次调整到正常值的 2 倍,再恢复到正常值。

⑨ 拆下校装销。正确调节空气封严,防止钢索偏斜,并确保钢索自由移动。

⑩ 给所有的松紧螺套打上保险。

⑪ 全行程操作机构;确保控制机构和操纵钢索能轻松自如地移动;确保不必用太大的操纵力去操纵。

3. 操纵钢索安装注意事项

① 松紧螺套在装配中会有铜屑产生,需要及时清除,否则会影响锁紧别针的插入。

② 松紧螺套在安装时需要两端同步旋入,张力值调整尽量取靠近上极限的数值。

③ 在装配过程中,务必检查钢索的走向,看其是否有缠绕,是否与其他成品件有规定的间隙。

④ 调节钢索前必须先要检查钢索走向是否都在自己的轨道里,包括滑轮、导索板、防脱销。

4.2.4　操纵钢索校装与保险

在每次更换操纵钢索以后,操纵系统都应该重新调节。操纵钢索的调节也叫"校装"。操纵系统中的钢索都有一定的预加张力。如果钢索的预加张力不足,不仅会使弹性间隙过大,而且钢索松弛时,它与滑轮之间会产生相对滑动,因而还容易磨损。但是钢索的预加张力也不能太大,因为预加张力太大,钢索就要经常承受过大的载荷,容易断丝;而且张力过大,钢索对滑轮的径向压力很大,滑轮转动时的摩擦力也很大,驾驶员操纵起来比较费力。

读取温度计指示的温度值,根据实际温度值查阅 AMM 手册中钢索张力值目标。表 4-1 所列为波音手册中不同温度情况下,所对应的主钢索载荷和回程钢索载荷的变化情况。

表 4-1　主钢索和回程钢索载荷

温度/℃	主钢索载荷/lbf	回程钢索载荷/lbf
−40〜−30	122±3	59±3
−30〜−20	129±3	66±3
−20〜−10	136±4	74±4
−10〜0	144±4	81±4
0〜10	151±4	88±4
10〜20	159±4	96±4
20〜30	166±4	103±4
30〜40	173±4	110±4
40〜52	183±5	121±5

1. T2 型张力计的使用

T2 型张力计(见图 4-20(a)),需要与张力标定值表(见图 4-20(b))一起成套使用。张力计使用步骤如下:

① 核对张力换算表和张力计序号应一致。钢索张力计应处在有效的校准日期内,应与张

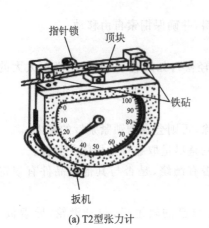

(a) T2型张力计

No.1		顶块	No.2		No.3	
直径(1/16)	3/32	1/8	张力/1b	5/32	3/16	7/32 1/4
12	16	21	30	12	20	
19	23	29	40	17	26	
25	30	36	50	22	32	
31	36	43	60	26	37	
36	42	50	70	30	42	
41	48	57	80	34	47	
46	54	63	90	38	52	
51	60	69	100	42	56	
			110	46	60	
			120	50	64	

例子

(b) 张力标定值表

图4-20　T2型张力计及其张力标定值表

力块、张力标定值表成套保存及使用。

② 检验张力计在校验有效期内,精度为98%。

③ 有与张力计同期校验的"换算表"和三个金属砧块1、2、3。

④ 确定张力数值,由AMM手册查找(温度-张力曲线或温度-张力数据表及允许误差)。

⑤ 测量钢索直径,应选用相应砧块(应查出被测钢索的尺寸、股数规格),将选定的止动块放在张力计的顶块销钉上。

⑥ 将张力计的弹簧片控制手柄扳到开位,此时指针锁定装置应在回0位。

⑦ 将被测钢索放置在顶块与张力计的两个砧座之间。将张力计的弹簧片控制手柄压下,读取表盘读数。

⑧ 通过换算表查出此时被测钢索张力数值。

2. 张力计使用注意事项

① 钢索张力计、张力块、张力标定值表应成套保存及使用。

② 使用过程中张力计若发生过跌落、碰撞,张力计的检测结果准确率很可能不达标,因此不能使用。

③ 7×19钢索不可使用张力计(此类钢索有特殊的张力制定方式)。

④ 在具有尼龙涂层的钢索上续用张力计,应选用与尼龙涂层外径相应的压块。

⑤ 张力计、温度计在使用前,需检查受控标签。

⑥ 当张力未达到目标值时,必须将张力计从钢索上取下,再调节松紧螺套,调节完成后再次使用张力计测试调节后的张力,可重复上述步骤直至达到目标张力值。

3. 操纵钢索的校装

(1) 校装操纵钢索

钢索传动装置中的松紧螺套的作用是少量的调节钢索长度以调节钢索张力。在松开松紧螺套以前,必须安装好校装销。安装松紧螺套时,必须将松紧螺套与两端的接头同时拧上螺纹,从而保证在装配调整后,两端啮合的螺纹长度相同。除此之外,还要检查每个接头螺纹是否有足够的拧入深度,露在螺套之外的螺纹不能超过3牙。根据维护手册有关章节的"温度-张力图表",用张力表校装钢索张力值。

（2）操纵钢索校装工作步骤

① 找出当时环境温度下所对应的钢索张力数值。

② 插上校装销。

③ 选择正确的松紧螺套夹持工具。

④ 从张力表中读出数值（或把给定的数值换算成张力表中的读数）。

⑤ 把测量值同换算得来的标准值相比较：

ⓐ 如果测量值小于标准值，应向调紧方向旋转，调节松紧螺套达到标准值。

ⓑ 如果测量值大于标准值，应向调松方向旋转，调节松紧螺套达到标准值。

⑥ 拔出校装销，全行程操纵钢索数次。操纵钢索次数如表 4-2 所列。插上校装销重新测量张力值。

表 4-2　各操纵系统操纵次数

（Table201/27-09-14-993-801）

钢索系统	操纵系统钢索操纵次数
副翼	20
升降舵	25
后缘襟翼	25
方向舵	25
速度制动器	20
扰流板	20
安定面配平	5

⑦ 如果新得到的测量值和标准值相符合，拔出校装销，校装工作结束。反之，重复步骤①～⑦的工作。

（3）操纵钢索校装注意事项

① 用张力表检查钢索张力时，须在距离松紧螺套连接接头和其他装置至少 6 in 远的地方安放张力表。

② 检查钢索张力之前，应让飞机稳定在周围环境温度至少 1 h 以上（环境温度的变化率≤±5 ℉/h）。

③ 调节钢索时，必须将钢索可靠固定，避免钢索脱离固定，甩动伤人。

4. 钢索松紧螺套的锁紧（保险）

钢索松紧螺套锁紧（保险）可用别针锁夹保险和保险丝保险两种方式施工。

（1）别针锁夹保险

别针锁夹保险如图 4-21 所示，其施工步骤如下：

① 拧紧松紧螺套使螺套外螺纹的露出量不超过 3 牙。

② 对齐松紧螺套上的缺槽和钢索接口上的缺槽。

③ 把锁夹的平直段安装到已对正的缺槽中。

④ 把锁夹的钩部放入到松紧螺套中央的孔内。

⑤ 压紧锁夹的托肩以得到良好的保险。

⑥ 重复步骤②～⑤，对松紧螺套另一端保险。注意：两根锁夹可以安装在松紧螺套的同侧，也可以安装在异侧。

⑦ 确保这两个锁夹已正确安装。注意：别针锁夹不得重复使用。

（2）保险丝保险

如果在对松紧螺套保险时，没有别针锁夹，也可选择保险丝对其保险，如图 4-22 所示。保险丝保险的施工步骤如下：

① 在松紧螺套和钢索接头上涂抹一层薄的防腐剂。

② 把松紧螺套与接头螺杆相连，拧紧松紧螺套，使钢索张力达规定值。钢索接头外露螺

纹不超过 3 牙。

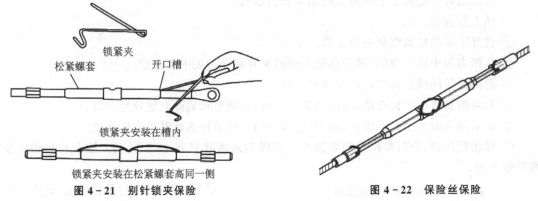

图 4 - 21　别针锁夹保险　　　　　　图 4 - 22　保险丝保险

③ 选用正确的不锈钢保险丝在钢索接头一端开始打保险。钢索直径与保险丝直径的关系如表 4 - 3 所列。

表 4 - 3　钢索直径与保险丝直径的对应关系

钢索直径/in	1/16	8/32 或 1/8	5/32～5/16
保险丝直径/in	0.024	0.031	0.043

④ 把保险丝扭成辫结时,不要用任何工具,只能用手施工。

⑤ 将保险丝两端,分别从松紧螺套的两边穿过圆孔。

⑥ 将穿过圆孔的保险丝拧成辫结,穿过另一端钢索接头上的孔,然后打上辫结。辫结要留有(5/8)in 长。

⑦ 把辫结用工具弯向与钢索头子相反的方向。

(3) 钢索保险过程的注意事项

① 手工打扎保险丝,手指容易因用力过度产生勒痕、摩擦破皮,因此现场应配备消毒药水以及创可贴。

② 打扎保险丝过程中,应注意避免保险丝尾端划伤皮肤乃至眼睛。

③ 斜口钳若使用不当,可能对人身造成伤害,或损伤飞机机体零件。

④ 剪断保险丝时,要握住保险丝尾端,避免被剪断的保险丝飞溅伤人,以及落入飞机机体中变为多余物。

4.3　钢索检查

4.3.1　操纵钢索的检查

1. 钢索易损伤的位置

① 滑轮。

② 鼓轮。

③ 导向环。

④ 扇形盘。

⑤ 与周围机械部件接触的位置。

2. 钢索易腐蚀的区域

① 电瓶舱。

② 盥洗室。

③ 起落架舱。

④ 容易积聚腐蚀性气体、蒸气、烟雾以及沉积液体的区域。

3. 钢索断丝的检查方法

① 详细目视检查。检查操纵钢索一定要全行程检查。

② 做断丝的检查时,用一块布包住钢索,采用"拉布法"擦拭钢索。如有断丝,布会被断丝勾住。

4. 钢索断丝更换标准

(1) 下列情形应更换 7×7 钢索

① 在钢索的连续 12 in 长度内有 2 根断丝。

② 在两个接头之间的钢索长度内,有多于 3 根的断丝。

③ 在被腐蚀的钢索上有 1 根断丝。

(2) 下列情形应更换 7×19 钢索

① 在钢索的连续 12 in 长度内有 4 根断丝。

② 在整根钢索长度之内,有多于 6 根的断丝。

③ 在被腐蚀的钢索上有 1 根断丝。

5. 钢索磨损更换标准

检查钢索的磨损,出现以下情形之一,都须更换钢索:

① 一根钢丝磨损达横截面的 40%,如图 4-23 所示。

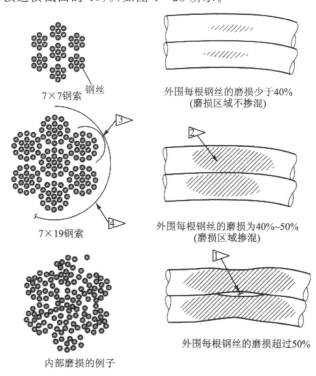

图 4-23　钢索磨损

② 钢索上有刻痕或切纹。

③ 钢索发生扭曲。

④ 钢索出现腐蚀。

4.3.2 操纵钢索部件的检查

1. 操纵钢索接头的检查

① 详细目视检查,确保钢索保险的方法(保险丝保险、开口销保险、松紧螺套锁夹保险)是完整的,安装任何缺失的部件。

② 检查接头挤压段表面是否有裂纹和腐蚀,如发现应更换钢索。

③ 检查接头未挤压段,如发现裂纹、腐蚀或接头弯曲大于2,则更换钢索。

④ 检查松紧螺套,如发现裂纹或腐蚀,则更换松紧螺套。

2. 滑轮的检查

① 详细目视检查,确保滑轮轴承润滑良好,并可以自由转动,若滑轮不能自由转动,则更换滑轮。

② 检查滑轮是否磨损,如有以下缺陷需要更换滑轮:

ⓐ 滑轮轮缘出现磨损;

ⓑ 滑轮轮缘出现裂纹;

ⓒ 滑轮沟槽出现压伤;

ⓓ 滑轮沟槽出现掉块。

③ 目视检查,滑轮出现以下情况时需更换:

ⓐ 滑轮不能动;

ⓑ 滑轮磨偏导致钢索不能对中;

ⓒ 滑轮槽过度磨损;

ⓓ 滑轮没有对中;

ⓔ 滑轮磨损导致钢索太紧。

思考题

1. 飞机操纵系统按传输的方式不同可分为哪些种类?

2. 松紧螺套用于螺杆头式钢索接头的连接,其作用是什么?

3. 飞机操纵系统推拉杆调节应该如何进行?

4. 钢索直杆型接头的挤压操作如何进行?

5. 钢索球形杆接头的挤压操作如何进行?

6. 如何进行飞机操纵钢索的拆卸?

7. 如何进行飞机操纵钢索的安装?

8. T2型张力计如何正确使用?

9. T2型张力计使用注意事项有哪些?

10. 如何进行操纵钢索校装工作?

11. 钢索断丝更换标准是什么?

第 5 章　飞机轴承的拆装与维护

5.1　概　述

5.1.1　轴承的用途

轴承主要用于支承轴及轴上零件,并保持轴的旋转精度,同时也减少转轴与支承间的摩擦和磨损。

在飞机和发动机系统中,轴承不仅数量多,而且它们的工作好坏直接影响系统的工作性能。由此可见,轴承是飞机系统和发动机部件的重要组成部分。

5.1.2　轴承的分类及构造

1. 轴承的分类

根据轴承工作的摩擦方式,可以分为滚动轴承和滑动轴承两大类。滚动轴承相较于滑动轴承的优缺点如表 5－1 所列。

表 5－1　滚动轴承相较于滑动轴承的优缺点

优　点	① 应用设计简单,产品已标准化,并由专业生产厂家进行大批量生产,具有优良的互换性和通用性; ② 启动摩擦力矩低,功事损耗小,滚动轴承效率(0.98～0.99)比混合润滑轴承高; ③ 负荷、转速和工作温度的适应范围宽,工况条件的少量变化对轴承性能影响不大; ④ 大多数类型的轴承能同时承受径向和轴向载荷,轴向尺寸较小; ⑤ 易于润滑、维护及保养
缺　点	① 承受冲击载荷能力较差; ② 高速重载载荷下轴承寿命较低; ③ 振动及噪声较大; ④ 径向尺寸比滑动轴承大

按照承受载荷的方向不同,滚动轴承可以分为:向心轴承,主要承受径向载荷;推力轴承,主要承受轴向载荷;向心推力轴承,主要承受径向、轴向联合载荷。滑动轴承可以分为推力滑动轴承(见图 5－1)和径向滑动轴承。

根据结构形式不同,滚动轴承可以分为滚珠轴承、滚柱轴承、滚针轴承等。滑动轴承可以分为整体式、剖分式(见图 5－2)、自动调心式(见图 5－3)。

2. 滚动轴承的构造

如图 5－4 所示,滚动轴承由内圈、外圈、滚动体(如滚珠、滚柱等)和保持架组成。

内圈、外圈分别与轴颈及轴承座孔装配在一起,多数情况是内圈随轴回转、外圈不动,但也有外圈回转、内圈不转,或内、外圈分别按不同转速回转等使用情况。在滚动轴承的内、外圈上都有凹槽滚道,它起着降低接触应力和限制滚动体轴向移动的作用。

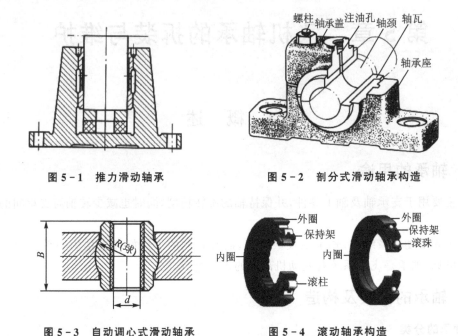

图 5-1　推力滑动轴承　　　　图 5-2　剖分式滑动轴承构造

图 5-3　自动调心式滑动轴承　　　图 5-4　滚动轴承构造

　　滚动体是滚动轴承中的核心元件,它使相对运动表面间的滑动摩擦变为滚动摩擦。常见滚动体类型如图 5-5 所示,有球形、圆柱形、鼓形、圆锥形、针形和螺旋滚子。

　　保持架把滚动体均匀地隔开,并减少滚动体间的摩擦和磨损。

3. 滑动轴承结构特点

　　滑动轴承的承载能力大,回转精度高,润滑膜具有抗冲击作用,因此,在工程上获得广泛的应用。滑动轴承通常由轴承座、轴瓦、轴承衬及密封装置组成。

　　轴瓦或轴承是滑动轴承的重要零件,与轴颈直接接触,一般轴颈部分比较耐磨,因此主要失效形式是轴瓦的过度磨损。轴瓦的磨损与轴颈的材料、轴瓦自身材料、润滑剂和润滑状态直接相关,选择轴瓦材料应综

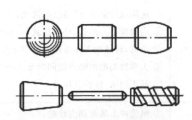

图 5-5　常见滚动体的类型

合考虑这些因素,以提高滑动轴承的使用寿命和工作性能。

　　在滑动轴承表面若能形成润滑膜将运动副表面分开,则滑动摩擦力可大大降低,由于运动副表面不直接接触,因此也避免了磨损。

　　润滑膜的形成是滑动轴承能正常工作的基本条件,影响润滑膜形成的因素有润滑方式、运动副表面相对运动速度、润滑剂的物理性质和运动副表面的粗糙度等。滑动轴承的设计应根据轴承的工作条件,确定轴承的结构类型、选择润滑剂和润滑方法及确定轴承的几何参数。

5.2　轴承的拆装和润滑

　　滚动轴承在轴系部件中与轴、轴承座、润滑及密封装置等互相联系,组成一个有机的整体。

在轴承的拆装和维护工作中要考虑以下问题:轴承的组合和固定;轴承的配合和拆装;轴承的润滑和密封等。

滚动轴承内圈与轴的配合采用基孔制,外圈与轴承座的配合采用基轴制。在装配轴承之前,应对轴的配合表面的尺寸、形状和表面粗糙程度进行检查。

5.2.1 轴承的安装和拆卸

1. 安装轴承的准备工作

在清洁的环境下安装轴承,检查轴承箱、轴和轴承的其他相关组件以确保其清洁。轴承应留在原有包装中直到安装前的一刻,以防止被污染。应检查所有与轴承接触的组件的尺寸和形状公差,如图 5 - 6(a)所示;圆柱形轴颈的直径,通常使用千分尺测量各 3 个平面的 4 个点,如图 5 - 6(b)所示;圆柱形轴承的内孔直径,通常使用内径量规测量各 3 个平面的 4 个点,如图 5 - 6(c)所示。计算出轴的平均外径和孔的平均内径,得出轴和孔的实际公差,对比规定尺寸公差,判断轴和孔有没有过量的磨损。

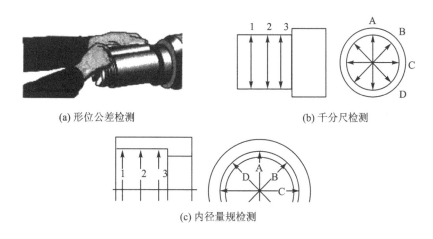

(a) 形位公差检测　　　(b) 千分尺检测

(c) 内径量规检测

图 5 - 6　轴承的安装准备工作

检查轴表面光洁度和有无明显划伤、磨损,然后涂上一层薄薄的润滑脂,以便轴承容易安装。当轴较长时,如发动机轴,应安装防护套,防止安装轴承时对轴可能的损伤。

2. 轴承的安装方法

(1) 用压力机压入

小型轴承广泛使用压力机压入的方法。将垫块垫入内圈,用压力机静静地压至内圈而紧密地接触到轴挡肩为止,如图 5 - 7 所示。将外圈垫上垫块安装内圈,是造成滚道上压痕、压伤的原因,所以要绝对禁止。

(2) 热　装

大型轴承,压入时需要很大的力,很难压入。因此,加热安装的方法广为使用。常用的加热方法有:在油中或烤箱内将轴承加热,或用电磁加热,使之膨胀,然后装到轴上。使用这种方法,可以避免给轴承增加不当的力,在短时间内完成作业。轴承的加热温度,以轴承尺寸、所需的过盈量为参考。

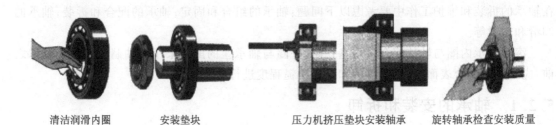

清洁润滑内圈　　　　安装垫块　　　　　压力机挤压垫块安装轴承　旋转转轴承检查安装质量

图 5-7　轴承的压力机压入安装

（3）热装作业有关注意事项

① 不得将轴承加热至 120 ℃以上。

② 为使轴承不直接接触油槽底部，最好考虑将轴承放在金属网台上，或将轴承吊起来。

③ 将轴承加热到比所需温度高 20～30 ℃，以便操作中不致发生内圈变冷，难以安装。

④ 安装后，轴承冷却下来，宽度方向也收缩，所以要用轴螺母或其他适宜的方法，使之紧固，以防内圈与轴承挡肩之间产生缝隙。

3．轴承的拆卸方法

轴承的拆卸要与安装时同样仔细进行，注意不损伤轴承及各零件。特别是过盈配合轴承的拆卸，操作难度大。所以，在设计阶段要预先考虑到便于拆卸，根据需要设计制作拆卸工具也十分重要。在拆卸时，根据图纸研究拆卸方法、顺序，查清轴承的配合条件，以求得拆卸作业的万无一失。

（1）使用专用工具拆卸

使用专用工具拆卸的方法如图 5-8 所示。这种方法适用于内圈在轴肩上露出足够的高度，或在轴肩上开沟以便放入拆卸工具的钩头。

（2）冷冻拆卸法

针对过盈配合的轴承，如果强行用工具拆卸，会造成轴的损伤，可使用冷冻拆卸法。用干冰包敷轴一定时间，使轴外径缩小，在充分润滑轴后，拆下轴承。

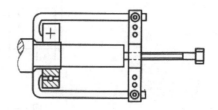

图 5-8　拆卸轴承的方法

5.2.2　轴承的清洁和润滑

轴承在安装之前都要进行清洁，去掉润滑脂和杂质，以便检查和润滑。

1．轴承的清洁

① 选用手册、工卡规定的专用清洁剂清洁轴承。

② 选用不掉毛的软毛刷，如图 5-9 所示。

③ 放在容器中的金属网垫上清洗，使轴承不直接接触容器底部的杂质。

④ 清洁过程分为粗洗和精洗两个阶段。粗洗时，如果使轴承带着杂质旋转，会损伤轴承的滚动面，应该加以注意。在粗洗油中，使用刷子清除润滑脂、黏着物，大致干净后，转入精洗。精洗，是将轴承在干净的清洁剂中一边旋转，一边仔细地清洗。另外，清洁剂也要经常保持清洁。

⑤ 用氮气或空气干燥轴承。

⑥ 严禁用裸露的手接触轴承,如图 5-10 所示。

⑦ 若已清洁的轴承超过 4 h 没有润滑,则应用油纸将轴承密封包装并储存于干燥的环境中。

图 5-9　轴承的清洁方法

图 5-10　轴承的操作方法

2. 清洁轴承的安全注意事项

① 清洁剂对人体有害,应采取适当的保护措施。

② 喷洗时压力不要超过 30 psi,飞溅物会伤害眼睛,应佩戴护目镜。

③ 清洗时应戴无尘手套。

④ 清洗时应选用软毛刷,以免划伤表面和保护层。

⑤ 禁止在无润滑情况下高速旋转轴承。

3. 轴承的润滑

由于轴承承受大负载、高转速和高温,因此必须要有良好的润滑。润滑的目的主要是减小摩擦和磨损,降低功率损耗,同时润滑剂还可起到冷却、防尘、防腐和吸振等作用,因此必须合理选用润滑剂及润滑方法。

1)润滑剂的选择

轴承润滑剂主要有三种:润滑油、润滑脂、固体润滑剂。

2)润滑方法的选择

(1)用润滑油润滑

① 滴油润滑采用针阀式油杯,当需要加油时,将针阀提起,油自动通过油孔流入轴承,可用螺母调节供油量。

② 油环润滑在轴颈上空套一个轴环,环的下部浸到油池中,当轴颈旋转时靠摩擦力将环带转,把油带入轴承。其特点是结构简单、可靠,但只适用水平轴,转速为 100～300 r/min。

③ 飞溅润滑靠浸在润滑油中的旋转件把油溅到轴承中去。

④ 压力润滑靠泵的压力向轴承供油,将从轴承流出的润滑油回收到油池以便循环使用,是供油量最多且最稳定的润滑方法,适用于高速、重载、重要的滑动轴承。

⑤ 手动润滑在发现轴承的润滑油不足时,适时用加油器供油,这是最原始的方法。这种方法难以保持油量恒定,因疏忽而忘记加油的危险较大,通常只用于轻载、低速或间歇运动的场合。最好在加油孔上设置防尘盖或球阀,并用毛毡、棉、毛等作过滤装置。

（2）用润滑脂润滑

用润滑脂润滑轴承的方法如图5－11所示。

(a) 高压压力注油　　　　　(b) 手动注油

图 5－11　润滑脂润滑轴承的方法

① 高压压力注油是首选的一种轴承润滑方法，主要优点是污染小、简单、快速。如果正确使用该方法，可以确保在关键区域注入足量的油脂。但这种方法需要专用的压力注油设备和厂房设施。

② 手动注油是指当没有压力润滑设备时，可以用手进行轴承润滑。在一只手掌上面放大量无污染的油脂；另一只手抓住需要润滑的轴承，用力使油脂进入滚柱之间。油脂从滚柱大头的一端注入至小头的一端，直到小头一端的缝隙中有油脂冒头。确认滚柱滚动路径上有足够的油脂之后，在滚柱上再涂抹一层油脂，并在轴承其他外露表面涂抹一层相同的油脂。完成后把轴承放置到不会被污染的容器内。

（3）用固体润滑剂润滑

固体润滑材料是一类概念上与传统润滑材料（润滑油、润滑脂）完全不同的新型润滑材料。与传统润滑材料在摩擦界面上形成某种形式的流体或半流体膜而起到有效的润滑作用相对应，固体润滑材料则主要是依靠材料本身或其转移膜的低剪切特性而具有优良的抗磨和减磨的作用。通常固体润滑材料是以粉末、薄膜、涂敷层或整体材料的形式使用。固体润滑轴承的结构如图5－12所示。

图 5－12　固体润滑轴承

5.3　轴承的常见损伤及原因

5.3.1　轴承的常见损伤

1. 轴承的检查及典型损伤的主要形式

在足够的光线下进行目视检查。使用放大镜或显微镜以检查缺陷。常见的形式有以下几种，如图5－13所示。

① 滚动体——腐蚀、过热变色、起鳞片、剥离、裂纹、破碎。

② 滚道——腐蚀、过热变色、压痕、打痕。

③ 保持架——磨损、裂纹、变形。

④ 内外圈——剥离、裂纹、蠕变、腐蚀。

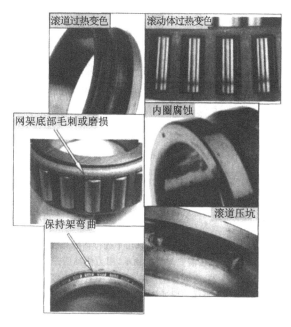

图 5 - 13 典型的轴承损伤

2. 轴承的更换标准

① 轴承过热变色应报废:轴承的原色应是光亮的银白色,变质后颜色会变成蓝色或黄色。

② 在保持架底部出现毛刺或磨损或因轴承不慎掉落以及错误地使用工具导致保持架变形或破裂应报废。保持架中梁上出现抛光或磨损以及过度抖动应报废,而轴承保持架的闭合痕迹属于正常现象,这两种现象较容易混淆。

③ 轴承表面有龟裂纹,表明轴承材料失效,应报废。划痕、擦伤能用手指甲明显感觉出来,应报废。

④ 轴承的腐蚀部位经打磨后仍能用指甲或笔尖感觉到的应报废。

⑤ 针对锥形滚柱轴承,在滚柱大端推力面上有刻痕和磨损的应报废。

5.3.2 轴承损伤的主要原因

1. 轴承损伤的原因

① 维护的问题:包括不正确的配合、运输过程中的损伤、错误的操作方法、拆装过程中的损伤(刻痕、划痕和使用工具后留下的印记)、错误的装配程序(过力矩或安装不平整)。

② 轴承部件的污染:与杂质、腐蚀性物质、脏的工作场所、不正确的包装或不当的储存环境有关。

③ 轴承润滑问题:包括润滑油流失、润滑油被污染、高温、冷却不足。

④ 轴承材料的缺陷:材料杂质过多、材料硬度问题。

⑤ 轴承工作状态:如高载、高振动区域。

2. 避免轴承损伤的方法

① 保持轴承及其周围环境的清洁。即使肉眼看不见的微小灰尘进入轴承,也会增加轴承的磨损、振动和噪声。轴承及其周边附件应保持清洁,工具及工作环境也必须保持干净。

② 使用安装时要认真仔细。

③ 不允许强力冲压,不允许用锤直接敲击轴承,不允许通过滚动体传递压力。

④ 使用合适、准确的安装工具。

⑤ 尽量使用专用工具,极力避免使用布类和短纤维类的材料擦拭。

⑥ 防止轴承的锈蚀。直接用手拿取轴承时,要充分洗去手上的汗液,并涂以润滑油脂后再进行操作,在雨季和夏季尤其要注意防锈。

思考题

1. 滚动轴承和滑动轴承的优缺点各有哪些?

2. 轴承的安装方法有哪些? 如何正确操作?

3. 轴承的拆卸方法有哪些? 如何正确操作?

4. 轴承在安装之前都要进行清洁,去掉润滑脂和杂质,以便检查和润滑。请问如何清洁轴承?

5. 轴承的检查及典型损伤的主要形式有哪些?

6. 轴承的更换标准一般有哪些?

第6章 油脂、滑油和液压油

现代航空器上的部件做相对运动时,在高速运转和重载荷的作用下产生剧烈的摩擦,生成大量的热,因此合理的润滑可以降低接触面的摩擦阻力、减轻磨损、提高效率并延长寿命。此外,润滑还起冲洗杂质、降低温度、防止锈蚀、减振、缓冲和密封等作用。

6.1 油　脂

润滑油脂是一种稠化的润滑油,呈现胶体状,主要由液体润滑剂、稠化剂和添加剂组成。采用油脂润滑,可以简化密封和润滑系统,使结构更简单、重量更轻。油脂主要应用于轴承、铰链、转动接头、齿轮、螺纹、柔性轴、传动轴、控制钢索等部件的润滑。

6.1.1 油脂的分类识别及应用

1. 油脂的分类

油脂按基本作用范围,可分为低温油脂、高温油脂、螺纹防咬死剂。

① 低温/高温油脂:主要用于有相对运动的低温或高温部件接触面之间的润滑、降温、防锈、防磨损等。

② 螺纹防咬死剂(简称防咬死剂):主要用于螺纹面或无相对运动部件的结合面之间,防止因结合面长时间无相对运动或因高温作用,使部件咬合在一起,引起拆卸困难。

2. 油脂牌号及应用

常用美国航空油脂的种类和应用如表6-1所列。

表6-1　常用美国航空油脂的种类和应用

名　称	标　准	商品牌号	应　用
通用航空油脂	MIL-G-23827A	航空壳牌7号油脂	工作温度范围为-73～121 ℃,用于操纵系统、电动机、轴承、齿轮、传动螺杆等滑动/滚动表面
通用航空油脂	MIL-G-81322C	航空壳牌22号油脂	工作温度范围为-54～177 ℃,用于润滑高速、高温范围工作的飞机附件、机轮轴承、齿轮箱等
直升机摆动轴承油脂	MIL-G-25537B	航空壳牌14号油脂	工作温度范围为-54～71 ℃,主要润滑飞机小振幅振动轴承
高温抗燃料油脂	MIL-G-27617	FS1292	用于燃料系统的锥形塞阀、垫图、轴承等。使用温度:Ⅰ型:-54～149 ℃;Ⅱ型:-40～204 ℃
耐汽油、滑油油脂	MIL-G-6032C	航空壳牌S7108号油脂	工作温度范围为-30～150 ℃,用于抗汽油、抗滑油、抗醇或抗水的系统中
航空液动轴承油脂	MIL-G-25013D	航空壳牌15号油脂	工作温度范围为-73～232 ℃,主要用于飞机各种受力轴承

6.1.2　操作规范

1. 基本操作规范

1) 施工准备

(1) 手　册

一般定期维护所需的润滑工艺,在飞机维修手册(AMM)12 章,如:波音 B747 - 400AMM 12 - 21,空客 A320 AMM 12 - 22;某些施工程序要求的润滑工艺,如:管道、紧固件安装的润滑要求等,应查阅维修手册中的具体施工程序;也可参照飞机生产厂家发出的标准施工规范,如:波音公司的 SOPM、BAC5008 等。

(2) 材　料

严格按照手册的规定,选择油脂类型,禁止在未经允许的情况下混合使用不同厂家或不同类型的油脂。通常,程序中指明的是飞机厂家的公司代码及材料规范代码,对应的可用牌号查找手册的材料清单(波音 B747 - 400 在手册的 Front Matter 或 20 - 30;空客 A320 在手册的 20 - 31,与发动机相关的材料也可在手册的 70 - 30 找到)。有多种牌号可供选择时,应根据手册的优先选择规定及航空公司的材料要求,确定应使用的牌号。

(3) 方式与工具

对定期维护的润滑施工要求,手册常用图解及润滑方框图(波音样式见图 6 - 1,空客样式见图 6 - 2)的形式标明润滑点的位置及数量,规定了施用的油脂类型、施工方式和工具类型(见图 6 - 3)。应严格按照手册的规定施工。

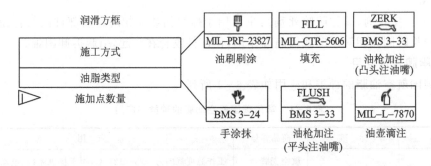

图 6 - 1　润滑方框图(波音手册样式)

图 6 - 2　润滑方框图(空客手册样式)

2) 操作程序

(1) 定期维护类的施工

应参照现行有效的维护手册查找润滑施工程序。根据手册的图示(见图 6 - 4)确定使用

各式油枪注油接头

手动注油枪　　气动注油枪

平头式注油嘴
(FLUSH fitting)

凸头式注油嘴
(ZERK fitting)

图 6-3　部分润滑工具图

油脂类型、润滑点位置、润滑方式及注油嘴类型。选择合适工具(见图 6-3),严格按规定操作。施工前,应清洁和调试注油设备(例如:根据波音手册,使用气动式注油枪,压力一般设定在 100～200 psi)。清洁和检查注油嘴的情况,将油枪牢靠地连接在注油嘴上。注入新油脂,直至旧油脂从轴承的侧面挤出,并且新油脂从指定的出口排出。如果油脂没有从指定位置排出而是从其他部位挤出,说明存在故障,可能是油路堵塞或油脂硬化,也可能是密封失效,如:油脂从襟翼球形丝杠的刮油环挤出表明封严可能已经失效。

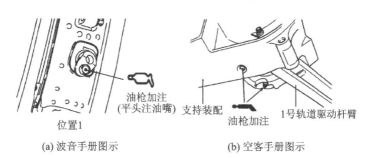

油枪加注
(平头注油嘴)　支持装配

位置1

油枪加注　1号轨道驱动杆臂

(a) 波音手册图示　　　　　(b) 空客手册图示

图 6-4　手册润滑图示实例

(2) 特定施工程序的润滑要求

① 紧固件的润滑。一般情况下对需要润滑安装的普通紧固件,可施用 BMS3-24 油脂到所有的接触区域。如需使用防咬死剂,应根据耐温要求选择正确的防咬死剂类型,例如:MIL-T-5544(耐温 1 000 ℉),MIL-T-83483 (耐温 800 ℉),BMS3-28(耐温 350 ℉),Never-Seez Pure Nickel(耐温 1 400 ℉)。施用时,应先将油脂搅拌均匀,再用小毛刷沾一点,在螺纹上均匀地涂抹薄薄的一层。

② 管路螺纹接头的润滑。一般情况下,润滑管路接头,首先应识别管路所属的系统,然后根据系统,选择正确的油脂类型,将油脂均匀地涂抹在外螺纹上(前面的 3 个螺纹即可)。严禁润滑接头的密封面或让油脂侵入管路内。图 6-5(a)所示为无喇叭口管路接头的润滑施工要求。对于氧气系统的管路接头,严禁润滑油脂沾染。如有要求,只允许使用 Krytox 240AC 或 Christo Lube MCG 111 润滑剂,使用方法如图 6-5(b)所示。

③ 轴承的润滑。对于轴承润滑应根据手册要求选择油脂类型,在安装轴承前,所有的摩擦表面要清洁并润滑到位,同时要注意保持润滑油路通畅,如果是自润滑轴承则不需要润滑。安装轴承后对于安装有注油嘴的轴承装置,应通过合适的注油方式做好润滑工作,并要求油脂

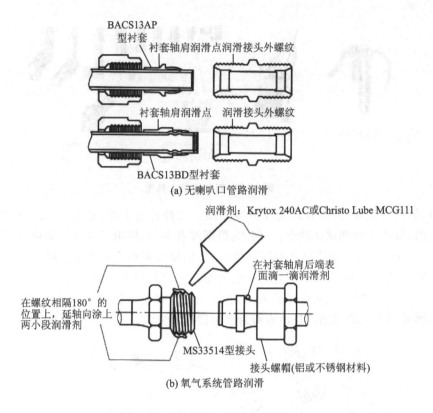

图 6-5　管路接头安装时的润滑

从正确的位置挤出(见图 6-6)。

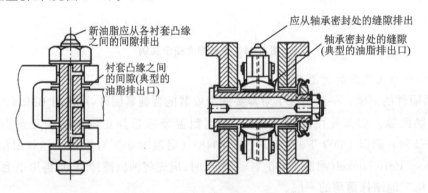

图 6-6　典型润滑油路及排出口

④ 钢索的润滑应根据手册的规定选择润滑油脂。不锈钢的钢索严禁润滑。润滑前应用干净的棉布清洁钢索(严禁使用清洁剂)。采用涂抹法润滑钢索,应注意不要过量。检查涂抹效果,可用干净的白纸在钢索上按压,如润滑充分,会在纸上留下油脂色泽的印迹,也可直接用 5～10 倍的放大镜进行观察,钢索上将呈现均匀完整的润滑油脂涂层。

2. 安全及注意事项

① 未经允许,严禁混用不同厂家或类型的油脂。容器、注油工具和设备应按规定存放,专人保管并做好识别标签(包括牌号、有效期等)。使用前应清洁,给油枪充油时,应避免混入杂

质和气体。

②　使用加压设备,应确保压力不超过许可范围。检查和及时更换已损坏的注油嘴。

③　润滑前,检查轴承、齿轮,确保需润滑表面干净无外来杂物。用毛刷和规定的清洗剂清洁注油嘴及周边区域。

④　润滑时,动作要轻柔,不要过量。确保手册规定的所有润滑点都已正确润滑到位。新油脂从正确的推出口排出。具有自我润滑功能的部件,严禁润滑。变更油脂的种类时,必须清除所有旧油脂。通常的做法是:缓慢注入新的油脂,挤出所有旧油脂,直至连续挤出的是新油脂。注油完毕,应清除多余的油脂,防止因气流或其他原因导致油脂四处扩散,污染其他部件。

6.2　滑　油

6.2.1　滑油的种类及应用

航空燃气涡轮发动机的润滑采用合成滑油。这是一种从动植物、矿物基滑油提炼后经人工合成的滑油,这种滑油不易沉淀而且高温下不易蒸发。常用滑油的种类和应用如表 6-2 所列。

表 6-2　常用美国航空滑油的种类和应用

名　称	标　准	商品牌号	应　用
活塞发动机滑油	MIL-L-22851D	Aeroshell Oil W100	航空活塞式发动机滑油系统
涡轮发动机滑油	MIL-L-6081D Grade 1010	Aeroshell Turbine Oil(ASTO)2	航空燃气涡轮发动机滑油系统
涡轮发动机合成润滑油	MIL-PRF-7808L Grade 3	ASTO 500 Mobil Jet Oil 248	工作温度范围为 $-54\sim149$ ℃,涡轮喷气发动机滑油系统及其设备
	MIL-PRF-23699F Grade STD	ASTO 500 Air BP 2380 Mobil Jet Oil Ⅱ	工作温度范围为 $-40\sim200$ ℃,大型喷气飞机发动机滑油系统
	MIL-PRF-23699F Grade HTS	ASTO 560 Air BP 2197 Mobil Jet Oil 254	航空燃气涡轮发动机滑油系统,具有较好高温稳定性的新一代润滑油

6.2.2　操作规范

滑油施工一般是指对发动机、辅助动力装置(APU)等驱动装置的滑油系统进行日常勤务的工作,主要包括滑油补充及滑油更换。定期通过对滑油进行污染检查或样本分析,能及时发现和判断系统或部件的问题。另外,滑油也常应用于某些部件的润滑。本小节的内容重点描述发动机的滑油施工程序。

1. 基本操作规范

1)施工准备

(1)手　册

查阅手册时,应掌握航空器生产厂家手册的编写规律,根据具体的施工要求便捷查找。例如:

① B747 飞机维修手册 12-13 为滑油补充;12-22 为滑油更换;有关滑油污染检查和样本分析,有的列明在更换程序中,有的则需要到相关系统的手册中查找。

② 空客 A320 飞机维修手册 12-13 包含了滑油补充及更换程序,12-13-24 为 IDG 滑油勤务;12-13-49 为 APU;12-13-79 为发动机;12-13-80 为起动机;其目号为系统的章节号。

(2) 材　料

严格按照手册施工程序的规定,选择滑油类型和牌号。严禁在未经允许的情况下混合使用不同厂家或不同类型的滑油。通常,滑油牌号标签贴在部件上。手册程序通常指明了飞机厂家的材料规范代码,通过查找手册的材料清单,确定使用的牌号。手册有时也直接规定可使用的牌号。对于同时有多个牌号可供选择时,应根据优先选择规定及航空公司的材料要求,确定使用的牌号。

(3) 方式与工具

按规定的方式进行加注,常用重力和压力加油法;重力加油法就是直接倒入或使用油壶滴注;压力加油法应使用专用的压力加油设备。另外,施工时还应准备容器,以盛接溢出的油液。如图 6-7 所示为部分勤务工具。

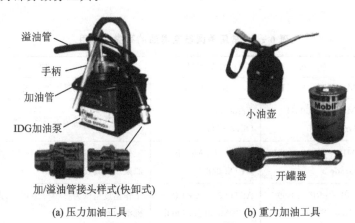

溢油管
手柄
加油管
IDG加油泵
加/溢油管接头样式(快卸式)
(a) 压力加油工具

小油壶
Mobil
开罐器
(b) 重力加油工具

图 6-7　部分勤务工具

2) 操作程序

(1) 滑油补充

① 严格按照现行有效的维修手册规定的滑油类型、加注形式及操作程序进行施工。

② 施工前,应准备干净的棉布及接油容器,按规定完成各项安全措施,以防止意外发生。明确加油、溢油口的位置,确认油量指示方式、标准和位置。常见的油量指示方式有窥镜式、油尺式、溢油式和高度参照式等(见图 6-8)。

③ 油量检查应在规定的时间内完成。通常,应等驱动装置完全停定一段时间(但不能过久),使系统油压力充分平衡后,才能检查油量,确保油量检查准确及防止打开口盖时热油飞溅伤人。根据检查结果,决定是否需要补充。另外,有些系统还可以借助 EICAS 显示,检查油量指标,例如:LO 表示过低,RF 表示需补充,OF 表示过满。

④ 施工时应避免油液溅出,如果有油液污染油漆或橡胶类的密封压条,应立即清洁干净。施工完毕,应正确安装加油口盖并清洁施工区域。

(a) 窥镜式

(b) 高度参照式

(c) 溢油式

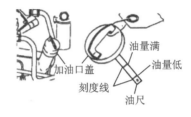
(d) 油尺式

图 6-8　油量指示形式

（2）滑油更换

① 滑油的更换一般可分为放油及加油两道工序,施工的准备工作与补充相同。

② 将满足容量要求的容器放置在放油口下方。拆除放油堵头,让油液完全排空。某些程序要求测量并记录排出的油量。正确安装放油堵头。

③ 检查排出油液的状况（气味、颜色、金属碎屑及黏稠度等）有无异常,磁堵（MCD）上有无金属碎屑。检查并更换过滤器。必要时还应更换所有的密封圈。

④ 加油的程序与补充相似。如果更换滑油牌号,应完成系统清洗程序。

2. 安全及注意事项

① 严格按规定操作。在未经允许的情况下,严禁混用不同厂家或不同类型的油液。遵守物料安全数据单（MSDS）或厂家的安全使用规定。

② 容器、注油工具和设备要按规定存放,专人保管并做好识别标签（包括牌号、有效期等）,使用前应清洁。开启密封滑油容器应使用专用的开罐器（见图 6-7(b)）,确保加油口清洁,无异物。

③ 加油完毕,应更换的密封圈已更换,并确保相关的口盖安装到位。

6.3　航空液压油

6.3.1　航空液压油的基本概念

1. 航空液压油的性能

由于油的黏度变化直接与液压动作、传递效率和传递精度有关,所以航空液压油首先应满足液压装置在工作温度与起动温度下对液体黏度的要求,其黏温性能和稳定性也应满足要求。液压油的特性指标为:

① 油液的润滑性。

② 油液的黏度随温度升高而减小,随压力的升高而增大。油液的黏度特性是非常重要的

指标,它的变化对系统的功率损失和性能都有很大的影响,所以应严格按规定要求使用液压油。

③ 油液的防火特性。衡量耐燃性的一般指标为闪点、着火点和自燃着火点。矿物基液压油和磷酸酯基液压油的耐燃性指标如表 6-3 所列。

表 6-3　航空矿物基和磷酸酯基液压油的耐燃性指标

名　称	标　准	闪点/℃	着火点/℃	自燃着火点/℃
航空矿物基液压油	MIL-H-5606	93~107	124	246
航空磷酸酯基液压油	BMS-3-1 Type Ⅳ,Ⅴ	254	316	593

2. 分类与应用

目前航空器液压系统所用的液压油可分为:矿物基、植物基和磷酸酯基液压油。在不同规格的液压油中掺入染色剂用于识别。航空液压油的分类识别及应用如表 6-4 所列。

表 6-4　航空液压油的分类识别及应用

名　称	标　准	商品牌号	颜　色	用　途
航空矿物基液压油	MIL-H-5606 MIL-H-6083	Aeroshell Fluid41 Aeroshell Fluid71	红色	广泛使用的航空矿物基液压油,用于刹车、液压系统及起落架减振油液,航空壳牌71号有更好的防腐和耐磨特性
航空植物基液压油	BMS3-32	Aeroshell Fluid SSF/LGF	浅黄色	有更好的压力及润滑特性,用于大型飞机起落架的减振油液
航空磷酸酯基液压油	BMS-3-1 Type Ⅳ、Ⅴ	Skydrol LD4、 Skydrol 500B4	紫色	用于现代飞机的液压系统

6.3.2　操作规范

1. 基本操作规范

1) 施工准备

(1) 手　册

有关液压油的施工程序通常包括液压油补充、减振柱油液勤务、液压油样本提取及分析、液压系统冲洗及液压油更换等。查阅手册时,应掌握飞机生产厂家手册的编写规则,根据具体的施工要求便捷进行查找。例如:

① B747 飞机维修手册 12-12-01 为液压油补充,12-15-02 为减振柱油液勤务,29-00-00 为样本提取及分析,液压系统冲洗及液压油更换在 29-11-00。

② 空客 A320 飞机维修手册 12-12-29 为液压油补充,12-12-32 为减振柱油液勤务,12-32-29 为样本提取及分析,液压系统冲洗及液压油更换在 12-36-29。

③ 因为磷酸酯基液压油对人体有一定的刺激性,加上液压动力系统固有的危险因素,因此在操作液压系统时应特别留意手册相关的规定和指引。空客 A320 飞机维修手册 29-00-00

有专门的指引程序,波音则列明在相关操作程序中。

　　(2) 材　料

　　严格按照手册施工程序的规定,选择液压油类型和牌号。严禁在未经允许的情况下混合使用不同厂家或不同类型的液压油。手册程序通常注明了飞机厂家的材料规范代码,通过查找手册的材料清单,确定使用的牌号。手册有时也直接规定可使用的牌号,有时其牌号标签会直接贴在部件上。当同时有多个牌号可供选择时,应根据优先选择规定及航空公司的材料要求,确定使用的牌号。

　　(3) 方式与工具

　　按手册规定的方式进行加注。通常飞机会自带手摇泵加油系统,另外还可用地面的加油车或地面液压车给系统加油。

　　2) 操作程序

　　(1) 液压油补充

　　① 严格按照现行有效的维修手册规定的液压油类型、加注形式及操作程序进行施工。确认勤务站点位置、检查系统状态,如:起落架处于放下状态、扰流板处于放下状态等,以确保油量正确。加油前,应做好个人安全防护措施。

　　② 识别加油装置、系统选择阀开关的位置,确认油量指示形式、标准和指示表位置。检查油量指标,通常油量指示有指针式或数字式油量表,有些系统还可以借助 EICAS 进行油量显示。

　　③ 加油时应先清洁加油口,将加油管接到油车;旋转选择阀开关至要加油的系统位置,匀速摆动手摇泵,直至油量满足要求;施工完毕,应将选择阀开关放在关闭位。为了防止空气进入系统,系统必须完全密封(特别是液压泵吸油管路),施工后应进行排气,油箱里的油量应满足规定。

　　④ 清洁施工区域。复原系统,签署必要的文件和工卡。

　　(2) 液压油检查和排故

　　必须定期观察油滤污染指示器,如果污染指示器发出信号,应及时清洗或更换油滤。如果遇到液压系统部件损坏,例如液压泵损坏,必须按程序立即对油液进行污染检查,并按要求对相关系统进行冲洗。按照维修大纲的要求,液压油必须定期提取样本进行检查,常用的检查方法可分现场观察和实验室分析鉴定两种:

　　① 现场观察。用取样油液与同类型新油液进行比较,观察色泽及透明度有无变化,有无沉淀物等。

　　② 实验室分析鉴定。应检查色泽、密度、内点、黏度、氧化物以及污染微粒粒子数等(取100 mL 工作液,用仪器计算其粒子数);如果样本油液经实验室分析后鉴定为不合格,必须按手册要求更换油液。

　　2. 安全及注意事项

　　① 液压油,特别是磷酸酯基液压油对人体有一定的刺激性,工作前可以在手和胳膊上涂皮肤保护膏,佩戴耐油手套及防护镜,防止油液喷溅到皮肤或眼睛。

　　② 未经允许,严格禁止混用不同厂家或不同类型的油液,否则会导致油质恶化。特别是矿物基与磷酸酯基液压油等合成油掺混,会导致油液完全变质。

　　③ 必须采用钢材料的容器或设备装盛液压油,禁止使用聚氯乙烯容器,容器内壁不可涂

刷油漆(以免在油液中产生沉淀物),做好识别标签(包括牌号、有效期等)。开启密封容器时应使用专用的开罐器,并确保加油处清洁、无异物,加入新油液时必须过滤。

④ 施工前,确保系统状态符合要求。施工时要保证液压系统清洁,无水分、铁锈、金属屑及纤维等杂质。补充油液时不可过量,如过量会导致液压油进入飞机引气和空调系统,而产生烟雾和刺鼻的味道,会对机组和旅客造成危害,还会对金属制成的管路造成腐蚀。更换工作液时,要彻底清洗系统。

⑤ 遇到以下状况,需采取紧急处理措施。

ⓐ 皮肤接触:应更换受污染的衣服,并用水和肥皂冲洗受影响的皮肤。若发生持续刺激,则需就医。如果使用高压设备,可能会造成油液伤害皮肤。应立即将伤者送往医院救治,以免症状恶化。

ⓑ 眼睛接触:用大量水冲洗眼睛并向医生求助。

ⓒ 吸入:应将患者移到有新鲜空气的地方,如有需要应求助医生。化学品吸入肺中会导致化学性肺炎。

ⓓ 食入:用水漱口并马上就医,严禁催吐。

思考题

1. 润滑油脂是一种稠化的润滑油,呈现胶体状,主要由什么组成?
2. 油脂按基本作用范围,可分为哪些?
3. 油脂在特定施工程序的润滑要求有哪些?
4. 油脂的安全及注意事项包括哪些?
5. 滑油补充如何操作?
6. 滑油更换如何操作?
7. 液压油补充如何操作?
8. 液压油检查和排故如何操作?

第7章 结构维修与钣金加工

7.1 飞机结构维修

7.1.1 飞机结构维修基本知识

1. 飞机结构材料简介

在飞机结构之中,用得最多的材料是铝合金材料,约占总材料使用量的78%;其次是各种钢材,占比在12%左右;钛合金占比在6%左右;复合材料占比在3%左右;其他材料占比在1%左右。

铝具有质量轻、抗腐蚀的特点,通过合金化、热处理、冷加工等措施改善材料的韧性、强度、疲劳强度和耐腐蚀性能。

2. 民用飞机的适航性要求与结构设计思想

民航飞机的安全必须建立在两个基础上:

一是保证飞机在设计制造过程中满足符合其型号设计的要求;

二是保证飞机在使用维修过程中初始处于安全运行状态。

也就是说,要保证民用航空器的适航性,必须同时满足上面两条件,任一个条件的不满足将导致该民用航空器不再适航。所以说飞机的修理维护是保证持续适航性的重要组成部分。

民航飞机的维修方案是建立在相应的设计思想的基础上的,而制定维修方案的指导思想的发展变化是和飞机设计理念的革新息息相关的。所以,维修人员必须有一定的飞机设计方面的知识。下面主要介绍的是飞机设计思想的发展和要点。

民航飞机的结构设计思想大体经历了以下几个阶段:

第一级段:满足静强度、刚度的设计准则;

第二阶段:安全寿命设计准则;

第三阶段:破损安全设计思想;

第四阶段:满足损伤容限的设计思想,而今,波音飞机的设计理念是建立在损伤容限和耐久性设计理念相结合的基础之上的比较现代化的飞机产品。

需要注意的是,不管何种飞机设计思想,都必须满足静强度和静刚度的设计要求,现代飞机设计思想的损伤容限和耐久性设计是满足静强度和静刚度前提下的损伤容限和耐久性设计。

(1) 静强度和静刚度设计思想

静强度和静刚度设计思想的要点是:认为航空器的失效是静载破坏。强度和刚度是反映材料抵抗弹塑性变形和抵抗断裂失效的能力,静强度和静刚度是材料在缓慢加载时所体现出的抵抗弹塑性变形和抵抗断裂失效的能力。实际航空器不可能处于静载状态,所以,这种设计思想算是最古老的设计思想,但是,它又是任何飞机设计必须满足的前提。

（2）安全寿命设计思想

安全寿命设计思想的要点是：认为结构件无初始损伤。安全寿命是建立在这种无缺陷的假设基础之上的。安全寿命等于试验寿命和分散系数的比值。目前，只对于一些极为重要的飞机部件采用安全寿命方法进行设计，典型的例子是飞机起落架的设计至今仍然采用这种设计理念。

（3）破损安全设计思想

破损安全设计思想的要点是：容许结构件的破损等损伤，但必须能够保证飞机的安全。如，采用多传力结构。

（4）损伤容限和耐久性设计思想

损伤容限和耐久性设计思想的要点是：容许初始损伤的存在，对于可检结构，给出检修周期，对于不可检结构，给出最大容许初始损伤；并且针对飞机给出一个大于设计寿命的使用寿命（如 20 年），超过使用寿命，维修起来不是很划算、不经济，这时飞机应退役或更换飞机部件。

保证结构在给定的使用寿命期限内，不会由于未被发现的初始缺陷、裂纹或其他损伤扩展而发生灾难性的破坏事故。

3. 航空器结构维修的分类

航空器结构的修理可分为三种类型：A 类、B 类、C 类。

A 类结构修理就是原区域检查大纲的检查间隔及方法已经能够确保结构的持续适航性的结构修理方法。这就是说修理后的检查要求与原来的检查要求相同，不需给出补充结构检查，仍采用 MPD（维护计划资料）给出的维护检查间隔和方法。蒙皮镶平维修是一种常见的 A 类结构修理，如图 7-1 所示。

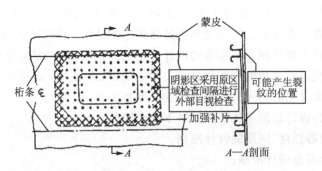

图 7-1　蒙皮镶平维修

B 类结构修理通常需要在一定的使用时间后，增加周期性的目视检查或无损检测的修理。蒙皮外部贴补维修属于 B 类结构修理的范围，它能够满足所需的静强度要求，但抗疲劳和损伤容限要求不如镶平修理好，如图 7-2 所示。

C 类结构修理是一种仅满足静强度要求，不满足耐久性或气动光滑性要求的临时性修理。这种修理通常是因为航空器停场时间短或修理条件不具备而采用的修理方法。它需要比 B 类结构修理有更严格的附加检查方法。可以按照结构修理手册提供的附加检查的门槛值和重复检查间隔进行检查，并在规定期限内更换这种 C 类结构修理。蒙皮的临时性维修的常见情况如图 7-3 所示，图（a）为加强板厚度太厚（大于或等于损伤结构的 3 倍）的维修，图（b）为用拉铆钉固定加强板的机身蒙皮的维修。这两种维修方式，在条件允许的情况下需要及时改成

B 类或 A 类维修。

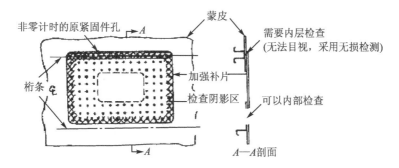

图 7-2 蒙皮外部贴补维修

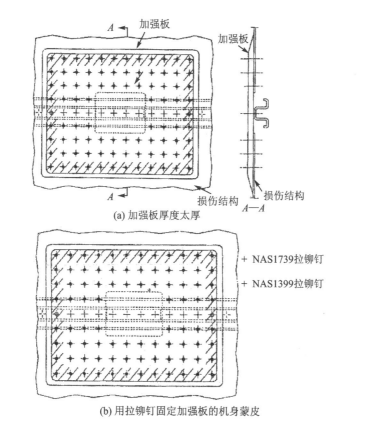

(a) 加强板厚度太厚

(b) 用拉铆钉固定加强板的机身蒙皮

图 7-3 蒙皮的临时性维修

4. 飞机结构的气动光滑性

在飞机结构维护和修理过程中应满足以下几方面的气动光滑性要求：当气动力敏感区域，特别是机翼、尾翼前缘、静压口区域和迎角传感器区域，产生需修理的损伤后，应当采用镶平式修理，以便保持良好的气动光滑性。除静压口区域和迎角传感器区域以外，也可采用外部贴补修理的方法，但必须满足外部贴补修理的气动光滑性要求。飞机气动敏感区域如图 7-4 所示。在气动力敏感区域内，除机身蒙皮的纵向铆缝外，其他铆缝均应为对接式铆缝。

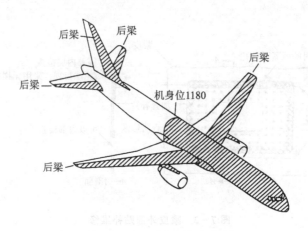

图7-4 飞机气动敏感区域

7.1.2 常见飞机维修基本操作

1. 蒙皮的修理

飞机结构蒙皮,特别是气动力敏感区域蒙皮,其表面光滑性对飞机的飞行性能有明显的影响,因此,蒙皮修理的重要要求之一就是保持蒙皮表面的气动光滑性和维持精确的外形轮廓,特别是机翼、尾翼的结构蒙皮修理更要做到这一点。

前缘是气动力特别敏感区,对光滑性要求较高。蒙皮损伤修理一般都采用挖补镶平修理,补片形式视蒙皮损伤形状和结构情况而定。一般采用圆形补片或矩形补片,如图7-5所示。

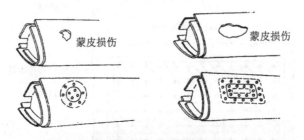

图7-5 蒙皮挖补圆形补片或矩形补片

机翼前缘蒙皮的修理方法如图7-6所示。机翼前缘用矩形镶平补片,这是一种双面都采用铆接的修理形式。零件1为补片,材料与修理蒙皮相同,但厚度一般比修理蒙皮加厚一级到两级;零件2和零件3为镶平补片,与修理蒙皮同材料、同厚度;零件4为衬条,与修理蒙皮同材料、同厚度。

2. 角型桁条的结构修理

将损伤区铆钉拆除及切割损伤部分,切割时要在桁条和蒙皮之间插入衬条,以免切割时损伤蒙皮内表面。将切口端头修齐平,以同材料、同牌号的角型材制作一个新件,镶平。再制作一新补强件,将原桁条与镶平件铆接在一起。补强件长度和铆钉数应根据计算确定。在装补强件时,为了与桁条贴合好,在圆角处修到不小于桁条厚度的尺寸。如果尺寸小于桁条厚度,则可用同材料板材弯制成角形修理件,若桁条较厚则板材弯曲成型比较困难,可制成两个板弯件,叠加铆接,如图7-7所示。

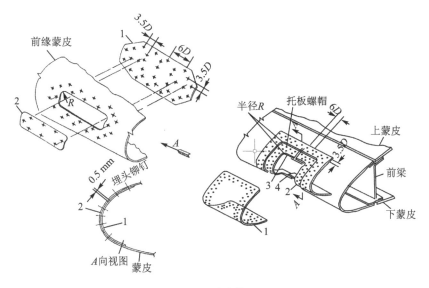

图 7-6　机翼前缘蒙皮的修理

如果桁条被切割部分较长,则在两端采用拼接连接件,将新件与原件连接在一起。

3. 腹板贴补修理形式

当腹板产生裂纹损伤后,一般应清除裂纹,采用挖补方式修理。如果采用补贴修理,则首先在裂纹尖端钻止裂孔,孔边去毛刺,然后再用补强片进行补强修理,如图 7-8 所示。

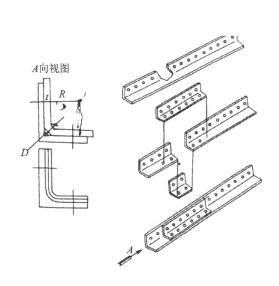

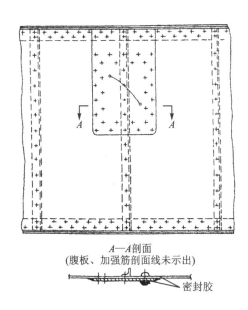

图 7-7　角型桁条的结构修理　　　　**图 7-8　腹板贴补修理**

当腹板损伤跨越腹板的加强肋时,通常将腹板切割换新。在新、旧腹板对接处加拼接接头,如图 7-9 所示。

要点:切割腹板时,切割线尽量选在腹板加强肋处。这可使加强肋铆在拼接接头上,以增加其刚性;或者将腹板切割线选在两个加强肋之间。

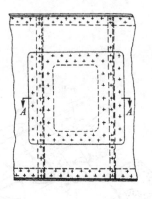
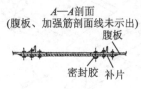

A—A剖面
(腹板、加强筋剖面线未示出)
腹板
密封胶 补片

图 7 - 9　将腹板切割换新修理

7.2　铆　接

7.2.1　铆接介绍

利用铆钉把两个以上部件连接在一起称为铆接,如图 7 - 10 所示。

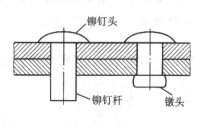

铆钉头

铆钉杆　　镦头

图 7 - 10　铆　接

铆接是飞机维修中重要的连接方式之一,铆接的连接方式如图 7 - 11 所示。

铆接可由手工或气动工具来完成。一般当铆钉直径<12 mm(1/2 in)时可不加热,称为冷铆;当铆钉直径>12 mm(1/2 in)时,通常需要把铆钉全部或局部加热后铆接,称为热铆。飞机上的铆接常用于传递较小的分布载荷,铆钉直径一般都<12 mm(1/2 in),所以采用冷铆。

1. 实心铆钉

在飞机修理工作中通常使用实心铆钉,铆钉参数包括材料、头型、尺寸和热处理状态。实心铆钉的头型以铆钉头的截面形状而定,例如通用头、埋头等,如图 7 - 12 所示。

铆钉头型的确定取决于安装位置,具体修理时可参照 SRM(结构修理手册)。应遵循的一般规则是:对于要求光滑气动外形的部位,例如从机翼前缘到翼剖面最厚处,从机身头部到其横剖面最大处等,应当使用埋头铆钉。埋头铆钉为平顶锥面式头型,与铆钉结合面上的锥形孔或凹窝相配合,以保持铆钉与被连接表面平齐。铆钉的埋头锥角为 78°~120°,通常使用的是100°埋头。

飞机用的实心铆钉材料大多数是 1100、2017 - T、2024 - T、2117 - T 及 5056 等铝合金。

1100 系列铆钉含纯铝 99.45%,一般用于铆接 1100、3003 和 5052 之类的软铝合金件。

2117 - T 系列铆钉有"外场铆钉"之称,具有即时可用的优点(不需要在施工前进行回火或退火处理),还有很好的抗腐蚀性能,广泛用于铝合金结构件的铆接。

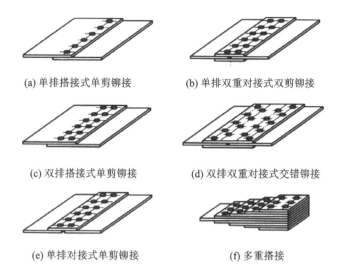

(a) 单排搭接式单剪铆接　　　　(b) 单排双重对接式双剪铆接

(c) 双排搭接式单剪铆接　　　　(d) 双排双重对接式交错铆接

(e) 单排对接式单剪铆接　　　　(f) 多重搭接

图 7 - 11　铆接的连接方式

　　2017 - T 和 2024 - T 系列铆钉,应用于需要较
高强度的铝合金结构件上。这种铆钉使用前需要
退火并置于冰箱内冷冻,在施工时取出铆接。冷冻
措施可以保持铆钉材质柔软达两星期之久,但是如
果在此期间仍未使用,则需要重新进行热处理。
2017 - T 铆钉要求在 1 h 内完成铆接,2024 - T 铆
钉必须在 10~20 min 内完成铆接。"冰箱"铆钉在
铆接后的 1 h 左右,只具有一半的强度,大约 4 天时间后铆钉强度才达到设计要求。

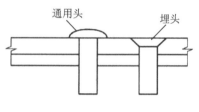

图 7 - 12　铆钉头型

　　5056 系列铆钉应用于铆接镁合金结构件。

　　软钢铆钉用来铆接钢质零件,不锈钢铆钉则用来铆接不锈钢材,例如防火墙、排气管夹箍
以及同样材料的结构件等。

　　蒙奈尔镍钢铆钉用来铆接镍钢合金材料,这种铆钉有时可代替不锈钢铆钉使用。

2. 铆钉的识别标记

　　铆钉头上的标志表示铆钉的材料成分,如表 7 - 1 所列。

　　件号后的数字表示铆钉的直径和长度,第一位数字表示铆钉直径,以(1/32) in 为计量单
位,例如 3 表示(3/32) in,5 表示(5/32) in 等。第二位数字表示铆钉长度,以(1/16) in 为计量
单位,例如 3 表示(3/16) in、11 表示(11/16) in 等。凸头铆钉的长度为铆钉杆的长度,埋头铆
钉的长度为铆钉的全长。

　　以波音标准铆钉的件号 BACR15BB4AD6 为例:基本编码(BACR15BB)表示波音标准的
通用头铆钉;直径编码(4)表示铆钉直径是(1/8) in;材料编码(AD)表示铆钉材料是 2117 - T;
长度编码(6)表示铆钉长度是(3/8) in。

表 7 - 1　铆钉头型标记

铆钉识别		通用型	改良型	100°埋头	100°抗剪埋头	82°埋头	120°埋头
		标准铆钉号					
材　料	标　记	BACR15BB	BACR15FT	BACR15BA	BACR15CE	BACR15FH	BACR15FV
2117(AD)	凹点	✓	✓	✓	✓	✓	
2017(D)	凹点(*)除外	✓	✓	✓	*没有标记		
2024(DD)	双凸梗	✓		✓	✓	✓	
5056(B)	凸十字	✓		✓	✓	✓	
1100(A)	平面	✓		✓			
7052(KE)	凸环(*)除外		✓	✓	✓	✓	*凹环
蒙奈尔(M)铜镍	平面				✓		

铆钉的件号分别用 AN 标准或 MS 标准表示，波音与空客的区别参照 SRM51 - 40，下面是最常用的不同头型铆钉的件号：

AN426 或 MS20426(BA)——100°埋头铆钉；

AN470 或 MS20470(BB)——通用头型铆钉。

件号后的字母代表材料，常用材料编码如表 7 - 2 所列。

表 7 - 2　铆钉材料编码

材　料	编　码	材　料	编　码
1100 和 3003	A	7075 和 7050	KE
2117 - T	AD	蒙奈尔合金	M
2017 - T	D	不锈钢	F
2024 - T	DD	钛合金	T
5056	B	铜合金	C

3. 铆钉的配置

铆钉的配置包括以下几个方面：

① 所需铆钉的数目；

② 使用铆钉的尺寸和种类；

③ 铆钉的材料、热处理状态和强度；

④ 铆钉孔直径；

　　⑤ 铆钉的边距;

　　⑥ 整个修理件上铆钉的间距和行距。

　　飞机结构修理时铆钉的头型由安装位置决定。要求光滑气动外形的地方应当使用埋头铆钉,在其余的大部分部位上可使用通用头型铆钉。

　　一般说来,铆钉的直径应当与被铆接件的厚度相对应。如果在薄板材上采用直径过大的铆钉,铆接所需要的力会在铆钉头周围造成不良的皱纹。如果在厚板材上采用直径过小的铆钉,则铆钉的剪切强度不能满足传递连接载荷的要求。一般规律是铆钉直径应当不小于所连接板件中较厚板厚度的 3 倍,在飞机装配和修理中最常选用的铆钉直径范围是(3/32~3/8)in。直径小于(3/32)in 的铆钉不能用在传递载荷的任何结构件上。

　　铆钉长度应当等于铆接厚度加上成形适当镦头所需要的铆钉杆长度,铆接时形成的镦头尺寸应参照 SRM,如图 7 - 13 所示。

　　边距是铆钉中心到板材边缘的距离,应在铆钉直径的 2~4 倍之间,推荐使用的边距约为2.5 倍铆钉直径。如果铆钉安排得太靠近板的边缘,板件就可能在铆钉孔处出现裂纹或断开;如果铆钉安排得距板边缘太远,则板的边缘易于翘曲。铆钉间距是指同一行上两个相邻铆钉中心之间的距离,最小铆钉间距为铆钉直径的 3 倍,一般铆钉间距为铆钉直径的 4~6 倍(见图 7 - 14)。两相邻行铆钉中心线之间的距离称为铆钉行距,一般铆钉行距为铆钉间距的 75%。

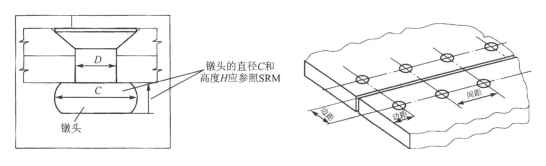

图 7 - 13　铆钉镦头尺寸　　　　　　　　　　图 7 - 14　铆钉的边距和间距

7.2.2　基本操作

1. 钻　孔

　　开始钻孔之前,用样冲冲出定心点,用于铆钉孔导钻作用。通常使用气钻(见图 7 - 15)或轻型电钻进行钻孔,钻孔之前,一定要通过转动手钻或空转电钻并观察钻头端部,来检验安装的钻头是否准确和有无振动。不能使用晃动或弯曲的钻头,因为这样会使钻出来的孔过大。

　　钻孔时要始终使钻垂直于加工件,倾斜不应超过±2°(见图 7 - 16)。当用直钻钻孔有困难时,可使用转角钻或使用软轴钻。当钻孔时或从板中拔出时,绝不能使钻斜向一边,因为这会使孔变得不圆。

　　按照 SRM 要求,钻孔时如果孔太小,安装铆钉时,铆钉的保护层会被擦伤。如果孔太大,铆钉不能完全充满钉孔,铆钉受力时连接处不能发挥它的全部强度。

　　当钻头通过板件时,在孔边缘上会形成毛刺,在铆接前要用限位划钻(见图 7 - 17)去除所有毛刺。

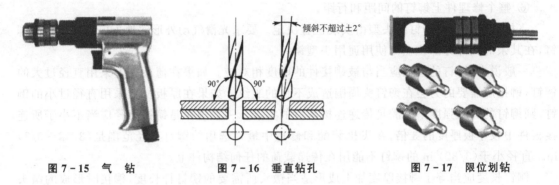

图 7 - 15 气 钻　　　　图 7 - 16 垂直钻孔　　　　图 7 - 17 限位划钻

2. 装配铆钉

装配铆钉之前,所有孔要确保完全对中,并去除所有碎屑和毛刺,待铆接的零件也必须使用手动定位销(见图 7 - 18)或气动定位销(见图 7 - 19)牢固地夹在一起。

图 7 - 18 手动定位销　　　　　　　　图 7 - 19 气动定位销

安装铆钉时,通常由两人各持铆枪(见图 7 - 20)和顶铁(见图 7 - 21)结为一组配合工作,可以采用有效的信号提高工作的协调性。如果铆接时只有一个人,也可以用一只手握着顶铁,另一只手控制铆枪。

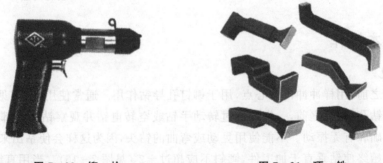

图 7 - 20 铆 枪　　　　　　图 7 - 21 顶 铁

3. 顶 持

选择合适的顶铁是顶持铆钉中最重要的一个因素,如果顶铁形状不合适,会使铆钉头歪斜。如果顶铁太轻,不能提供必要的顶撞力,材料会朝向镦头凸出;如果顶铁太重,质量和顶撞力可能引起材料反向镦头凸出。顶铁的质量可从几盎司到 10 lb,与各种直径铆钉配合使用的顶铁质量如表 7 – 3 所列。

表 7 – 3　推荐的铆钉顶铁质量

铆钉直径/in	近似质量/lb	铆钉直径/in	近似质量/lb
3/32	2～3	3/16	4～5
1/8	3～4	1/4	5～6.5
5/32	3～4.5		

要始终保持顶铁的顶面与铆钉杆垂直,否则当铆枪开始撞击时,会引起铆钉弯曲,并在结束撞击时损坏材料。顶持者必须正确使用顶铁,直到铆钉完全铆好为止。如果铆枪还在工作而移开了顶铁,则铆枪可能损伤板材表面。不要对铆钉杆顶持力量过大,要尽量使用顶铁的自身重力,控制顶铁并提供必要的压力和起回弹作用。

顶铁应与铆枪的撞击振动协调一致,协调撞击可以通过调整手腕施加的压力和刚度来形成,积累经验后就能动作协调。

缺少适当的振动作用,或者使用的顶铁太轻或太重,以及顶铁与铆钉杆不垂直等都能引起铆钉头歪斜。快速移动顶铁到抵制镦头歪斜的方向,可以校正铆钉镦头的畸形(见图 7 – 22)。只有当铆枪在工作,并且铆钉还没有完全铆镦时,才能完成这种校正作用。如果在开始撞击时铆钉杆弯曲,可将顶铁放在适当校正位置上,直到铆钉杆校直为止。

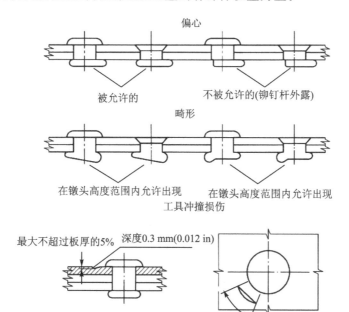

图 7 – 22　顶　持

4. 气动铆接

为了在使用气动铆枪时得到良好的铆接质量,要遵守下列基本要点:

① 根据铆钉的件号选择合适的铆枪及相应的铆壳(见图 7 – 23),铆壳要牢固地安装在铆接装置上。

② 调整铆枪速度(每分钟振动次数)。在按下扳机启动铆枪之前,要牢牢地把铆接装置对着木块加压。在没有抵住铆接装置的阻力时,决不能进行操作,因为振动作用可能引起限位弹簧破坏,使铆壳飞出铆枪,造成危险。

③ 使铆枪与加工件垂直,防止损伤铆钉头或者周围材料表面。

图 7 – 23　铆　壳

④ 移开顶铁,检查铆钉的镦头。镦头直径应当是铆钉直径的 1.5 倍,高度应为铆钉直径的 0.5 倍(参照 SRM)。如果铆钉需要进一步敲击,则重复必要的工序,完成该铆钉的安装工作。

使用气动铆枪时要遵守下列安全注意事项:铆枪在任何时候都不能对着人;铆枪不能空打,禁止使用没有限位弹簧的铆枪;长时间不使用铆枪时,一定要断开铆枪的气源。

5. 拉铆钉

(1) 拉铆钉的分类及铆接

实心铆钉铆接时必须能接近被铆接部位的两面。但飞机上有一些部位,由于空间所限,无法采用顶铁顶铆的方式;另外装配一些非结构零件,如舱内装饰件、托板螺母等也不需要实心铆钉。在上述情况下,通常使用可以在被铆接部位一侧实施铆接的拉铆钉,拉铆钉分为摩擦锁紧型和机城锁紧型两类。

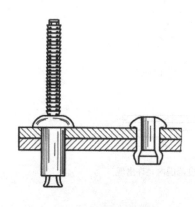

摩擦锁紧型拉铆钉由两部分组成(见图 7 – 24):一部分是带铆钉头的空心杆,另一部分是穿过空心杆的实心铆钉茎。这种拉铆钉通过铆钉茎被拉进空心杆体,使杆体镦粗,同时铆茎端头堵紧空心杆内孔,使铆茎与铆钉空心杆之间以及铆钉空心杆与孔壁间的摩擦力增大,实现锁紧。

机械锁紧型拉铆钉除了有空心杆和实心铆钉茎之外,还增加了一个高可靠性的机械锁环(见图 7 – 25),可以防止因振动而松动脱落。这种铆钉可用 2017 或 5056 铝合金制成,也可用蒙奈尔合金或不锈钢制成,具有可代替其他普通实心铆钉的强度。拉铆后铆钉茎的断裂处正好与铆钉头齐平,因而铆接后不必再进行平整工作。

图 7 – 24　摩擦锁紧型拉铆钉

(2) 拉铆钉的使用

对厚度不足 0.125 in 的薄板构件使用拉铆钉进行修理时,应注意以下几个方面:

① 拉铆钉一般用于铆钉受剪的部位;

② 在不清楚被铆接构件的厚度时,应避免使用拉铆钉;

③ 在飞机 C 检时,应对采用拉铆钉的部位进行检查;

④ 在飞机结构大修时,应卸下拉铆钉,采用实心铆钉等紧固件连接。

6. 铆接质量检查

为了在飞机修理中得到良好的结构性能,在部件投入使用之前必须对全部铆钉进行检查。这种检查包括检查铆钉的钉头和镦头以及周围蒙皮和结构件的变形,用目视检查钉头的变形,用标尺或铆钉规检查铆钉镦头的状况。

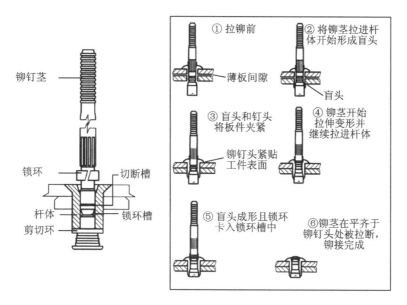

铆钉茎

锁环　切断槽

杆体　锁环槽

剪切环

① 拉铆前　　　② 将铆茎拉进杆体开始形成盲头

薄板间隙　　　盲头

③ 盲头和钉头将板件夹紧　　④ 铆茎开始拉伸变形并继续拉进杆体

铆钉头紧贴工件表面

⑤ 盲头成形且锁环卡入锁环槽中　　⑥ 铆茎在平齐于铆钉头处被拉断，铆接完成

图 7-25　机械锁紧型拉铆钉的铆接过程

出现不良铆接的最常见原因是不适当的顶撞、铆接装置滑动或安装角度不对以及铆钉孔或铆钉尺寸有错等；其他原因是：埋头铆钉与埋头窝不一样高、在铆接过程中板件之间存在毛刺、铆钉太硬、顶铁质量不合适或铆枪气压过低而造成冷作硬化等。

7.2.3　铆钉的损伤及检查

铆钉松动一般多发生在构件受力大、变形大和振动剧烈的部位，如加强肋、翼梁腹板、蒙皮的连接处等，这些部位极易引起材料疲劳损伤和应力腐蚀损伤。对松动的铆钉，应及时按规定更换，不允许将铆钉重新打紧。通常应使用大一级的铆钉替换这些已松动的铆钉。

1. 铆钉损伤质量检查方法

检查铆钉时，出现下列情况说明铆钉已松动：

① 当按压铆钉头旁边的蒙皮时，蒙皮离开铆钉头并形成肉眼可见的明显间隙。

② 检查飞机时发现铆钉周围有黑圈。

③ 铆钉头已凸出构件表面或者发生卷边翘起现象。

④ 铆钉头周围漆层出现碎裂、裂纹。

2. 铆钉更换与拆除

当更换或拆除铆钉时，要非常小心，尽量使铆钉孔保持原尺寸和形状，这样可以不用大一号的铆钉去更换。如果铆钉拆除不当，连接强度可能减弱，并且使得更换铆钉出现困难。

钉头要比镦头更对称于钉杆，因此在钉头端拆除铆钉对钉孔和周围材料损伤的可能性会小一些。为拆除铆钉，推荐的方法是使用手工工具或电钻钻透钉头，并用冲头冲下铆钉的残余部分。首先，在圆形或扁平的铆钉头上锉平一小块面积，并用中心冲在中心冲窝（见图 7-26）。对于薄金属来说，在冲窝时为避免把金属板压陷下去，要在镦头端顶住铆钉。由于 2117-T 柳钉有凹窝，因此不需要在铆钉头上挫平和冲窝。

选择比铆钉杆尺寸小一级的钻头,钻出铆钉头。当使用电钻时,通电前要把钻头放在铆钉上,并用手把钻头转几圈。这样做有助于钻出一个好的起始凹窝,防止电钻打滑,减小在金属板上留下痕迹的可能性。铆钉头上的孔要钻到铆钉头的深度,而且电钻要始终与工件表面垂直(见图7-27)。注意,不要钻得太深,因为这样会使钉杆随钻头旋转而引起划伤。当铆钉头断开并沿钻杆上升时,应退出钻头。

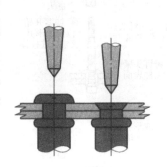 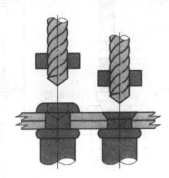

图7-26　冲窝　　　　　　　　图7-27　钻铆钉

如果铆钉头没有自行松动,可以把冲头插入孔中,并朝任一方向稍稍扭动,直到铆钉头脱开为止(见图7-28)。

用比铆钉杆直径小一级的冲头打出铆钉杆。对于薄金属板或无支承的结构板件来说,当冲出铆钉杆时,要用顶铁在背面支撑板件(见图7-29)。如果拆除铆钉头后,钉杆仍特别牢固,则再深钻铆钉,使深度达到板件厚度的2/3左右处,然后用冲头敲击出铆钉的残留部分。

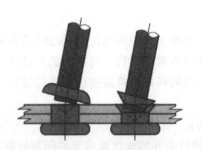 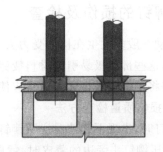

图7-28　拆除铆钉头　　　　　　图7-29　拆除铆钉镦头

3. 拉铆钉的拆除

① 对于较厚铆接件上的拉铆钉,可直接用细冲子将拉铆钉心茎冲出;对于较薄铆接件上的拉铆钉,为避免冲心茎时损伤到被铆接件,应用小钻头将拉铆钉心茎钻掉,如图7-30所示。

② 用冲子将铆钉锁环挑出。

③ 用与铆钉孔直径相同的钻头将拉铆钉头钻掉,不能将铆钉整个钻通,这样会导致铆钉孔扩大。

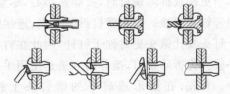

④ 将冲子插入钻孔之中,将铆钉头挑出。

⑤ 用冲子将铆钉剩余部分冲出。

图7-30　拉铆钉的拆除

4. 划　窝

对航空器有气动光滑要求的部位,筋骨件必须是埋头的。加工不当的埋头孔会降低平铆连接处的强度,甚至引起部件或铆钉的破坏。最常用的加工埋头孔的方法是机加工(划钻)与压窝成型。当板件厚度大于铆钉头厚度时,采用划钻埋头孔的方法;而在比较薄的板件上,则使用压窝方法。一般划窝时要使用划窝限制器。

划窝时必须保证所用划钻的角度及导销直径符合筋骨件的要求。划钻角度与埋头筋骨件角度相同,导销直径比筋骨件孔直径小 0.002 in。

如导销直径过小,会因钻枪抖动而使划出的窝超差或偏心。

5. 划窝步骤

① 首先钻一个初始紧固件孔,使它达到精确的紧固件尺寸。

② 调整限制器并在废料上试划,直到划窝深度符合规定,即紧固件头突出量为 $(0.000-0.005) \sim (0.000+0.01)$。

③ 使导销进入孔中,并使划钻垂直于工件表面定好位后,划钻才可旋转。

④ 在划钻轴线上均匀施加压力,钻枪转速缓慢增加到 300 r/min(转/分钟),保持进刀量恒定,直到限位器发生作用。

⑤ 在划钻未停止转动前推出,否则会影响光洁度。

7.3　钣金加工简介

使金属板材产生塑性变形而获得所需形状的方法,称为钣金成形加工。钣金成形是通过塑性变形获得的,所以用于成形加工的材料必须具有良好的塑性变形能力。飞机维修中主要采用的成形种类有:折边(弯曲)、延展和收缩、挤压、模压、拉伸、冲压等。成形的方法包括手工成形和机械成形。

飞机结构上使用冷加工成形的材料包括铝合金、不锈钢、钛合金,主要以铝合金为主。

大部分铝合金不需要退火即可成形,但如果是非常特殊的成型操作,要求深度拉伸或复杂的曲面时,应在退火状态下成形。2024-0 退火铝合金用一般方法几乎可以成形为任何形状,但成形后一定要进行热处理。

7.3.1　弯曲加工术语

熟悉板材弯曲时的术语(见图 7-31)对理解弯曲加工及在实际工作中的应用是十分必要的。

① 宽边:弯曲成形后的较长边。

② 弯边:弯曲成形后的较短边,如果两边长度相等,则均称为宽边。

③ 型线:宽边和弯边的外表面延长线,两条延长线的交点称为型线交点。

④ 弯曲切线:板材的平直部分和弯曲部分的交线。

⑤ 弯曲半径:从板材的弯曲面内侧测量得到的曲率半径。

⑥ 基本长度:成形零件的外形尺寸,在图纸上已给出,也可从原件上测量得到。

⑦ 收缩段:弯曲切线到型线交点的距离。

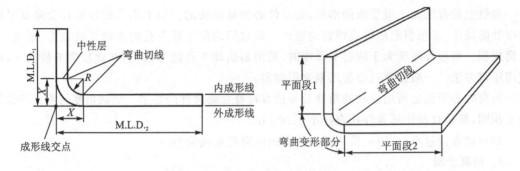

图 7 - 31　板材弯曲时的部分术语

⑧ 平面:零件的平面或平直部分,不包括弯曲,等于基本长度减去收缩段。

⑨ 中性面:弯曲金属板材时,在板的内侧曲面产生压缩力而在外侧曲面产生拉伸力,在内曲面和外曲面之间的某一曲面处,既没有压缩力也没有拉伸力,该面称为中性面,如图 7 - 32 所示。

⑩ 弯曲加工余量:成形零件弯曲部分弯曲加工所需材料的长度,即为弯曲中性面的长度。

⑪ 准线:成形金属板上画出的标记,此线与弯扳机的圆角镶条头部对齐作为弯曲工作的指示。在弯曲之前一定要确定材料的哪一端可以很方便地插入弯扳机,然后从插入端的弯曲切线测量等于弯曲半径的长度,即为准线(见图 7 - 33)。

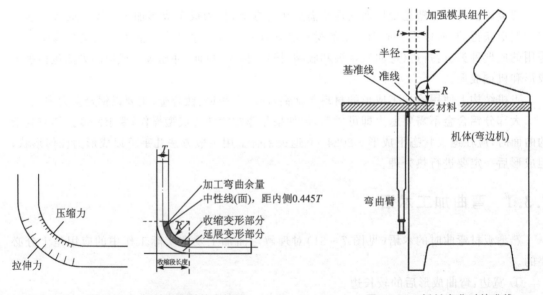

图 7 - 32　板材弯曲时的中性面　　　　图 7 - 33　板材弯曲时的准线

7.3.2　板材直线弯曲

在板材弯曲成形时,要考虑材料的厚度、合金成分和热处理状态。总的来说,材料越薄,材料越软,越容易弯曲成形。

1. 弯曲半径

板材的弯曲半径以从曲面内侧测量得到的为准。板材的最小弯曲半径是被弯曲材料不会产生撕裂破坏的弯曲半径。对于每种飞机金属板材而言,都有确定的最小弯曲半径。材料的厚度、合金成分和热处理状态都是影响最小弯曲半径的因素。退火板材的最小弯曲半径接近其厚度,不锈钢和 2024 - T 铝合金的弯曲半径较大。飞机用典型铝合金板材的最小弯曲半径如表 7 - 4 所列。

表 7 - 4　铝合金板材的最小弯曲半径

板　材	厚度/in							
	0.020	0.025	0.032	0.040	0.050	0.063	0.071	0.080
2024 - 0	1/32	1/16	1/16	1/16	1/16	3/32	1/8	1/8
2024 - T4	1/16	1/16	3/32	3/32	1/8	5/32	7/32	1/4
5052 - 0	1/32	1/32	1/16	1/16	1/16	1/16	1/8	1/8
5052 - H34	1/32	1/16	1/16	1/16	3/32	3/32	1/8	1/8
6061 - 0	1/32	1/32	1/32	1/16	1/16	1/16	3/32	3/32
6061 - T4	1/32	1/32	1/32	1/16	1/16	3/32	5/32	5/32
6061 - T6	1/16	1/16	1/16	3/32	3/32	1/8	3/16	3/16
7075 - 0	1/16	1/16	1/16	1/16	3/32	3/32	5/32	3/16
7075 - W	3/32	1/32	1/8	5/32	3/16	1/4	9/32	5/16
7075 - T6	1/8	1/8	1/8	3/16	1/4	5/16	3/8	7/16

2. 弯曲加工量

弯曲金属板材时,要计算弯曲加工量,弯曲加工量是弯曲加工所需板材的长度。弯曲加工量取决于以下 4 个因素:弯曲角度、弯曲半径、板材的厚度和金属的种类。

弯曲金属板材时,如果从曲面内侧测量,则中性面位于 44.5% 板厚处(见图 7 - 34)。为计算方便,一般可认为中性面位于 50% 板厚处。

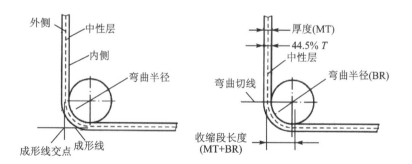

图 7 - 34　板材弯曲时的中性面

(1) 90°弯曲的弯曲加工量

弯曲半径(R)加上板材厚度的一半($1/2T$)近似等于中性面的曲率半径。用中性面的曲率半径乘以 2π,可计算出圆的周长为

$$2\pi(R + 1/2T)$$

因为 90°的弯曲是圆周的四分之一,用周长除以 4,得出

$$\frac{2\pi\left(R+\frac{1}{2}T\right)}{4}$$

因此,90°弯曲的弯曲加工量为

$$\frac{\pi\left(R+\frac{1}{2}T\right)}{2}$$

例题:若板材半径为 1/4 in,厚度为 0.051 in,求 90°弯曲的弯曲加工量。

解:弯曲加工量$=\dfrac{3.14\times\left(0.25+\dfrac{1}{2}\times0.051\right)}{2}in=\dfrac{3.14\times(0.25+0.025\,55)}{2}$in

$$=\frac{3.14\times0.275\,55}{2}\text{in}=0.432\,6\text{ in}$$

以上计算结果稍有误差,这是因为中性面并不是精确地位于被弯曲薄板的中心线。由于所用的材料很薄,对于大多数加工来说,上述公式是符合要求的。

(2) 非 90°弯曲的弯曲加工量

当金属板材的弯曲角度不是 90°或尺寸有严格要求时,必须进行精确的计算。在飞机维修中,为节省计算时间,制定了对于各种弯曲角度、弯曲半径和板材厚度的公式和图表,可以通过计算或直接查表得到弯曲加工量。

对于 1°～180°任何角度的弯曲,使用下列公式可以获得精确的结果:

$$\text{弯曲加工量}=(0.017\,43\times R+0.007\,8\times T)\times A$$

式中,A 为弯曲角度;R 为弯曲半径,单位是 in;T 为板材厚度,单位是 in。

例题:若板材半径为 1/4 in,厚度为 0.051 in,求 90°弯曲的弯曲加工量。

解:弯曲加工量$=\left[\left(0.017\,43\times\dfrac{1}{4}+0.007\,8\times0.051\right)\times90\right]in=0.428\,0$ in

思考题

1. 航空器结构的修理可分为哪些类型?各有什么特点?

2. 如何进行蒙皮的修理?

3. 如何进行角型桁条的结构修理?

4. 如何进行腹板贴补修理?

5. 飞机用的实心铆钉材料大多数是 1100、2017 - T、2024 - T、2117 - T 及 5056 等铝合金。它们各有什么特点?

6. 铆钉的配置包括哪几个方面?

7. 为了在使用气动铆枪时得到良好的铆接质量,要遵守哪些基本要点?

8. 检查铆钉时,出现哪些情况说明铆钉已松动?

9. 拉铆钉的拆除如何操作?

10. 如何用划窝器划窝操作?

第8章 胶 接

8.1 胶接技术

1. 概 述

胶接,也称粘接,是把材料连接在一起而组成组件的一种方法。它可以作为铆接、螺栓连接等传统机械连接方法的补充。通过胶黏剂而连接的组件叫作胶接接头(adhesive joint)或胶接件(adhesive bond),接头中除胶黏剂外的固体材料叫被粘物(adherends),胶黏剂把被粘物所受的载荷传递到胶接接头的现象叫粘接(adhesion)。在飞机零部件装配、修理过程中,粘接可以在很多部位取代传统的连接方式,如在 B747 飞机上,约有 1 200 m² 的零部件是采用粘接方式连接的。

胶接的作用包括结构连接、表面黏涂和密封锁固等。结构胶接主要是指对那些受力比较大、胶接强度要求较高,并在使用条件下需长期保持其性能的零部件的粘接,如飞机复合蜂窝结构件、飞机机翼及机身蒙皮的粘接等。表面黏涂是指将特种功能的胶黏剂,直接黏涂在零件表面上,使零件具有特种功能的表面层,如耐磨、保温、防辐射和隐形等性能。密封、锁固是机器和设备性能上的要求,密封就是不渗漏,锁固就是不松动、不脱离。胶接技术的这一功能,能取得事半功倍的效果,因此得到迅速和广泛的应用,如航天航空工业中的嵌缝密封,飞机机翼的防水,油箱、发动机、输油管道的防漏等。

胶接接头与机械紧固接头的主要区别是机械紧固件在安装紧固件前一般要开孔,留下空洞会形成应力集中。使用胶黏剂制造组件时,不需要在被粘物上开孔,从而在组件形成后被粘物仍保持其原有的物理性能,提高结构的疲劳寿命。

与机械紧固相比,胶接还有其他优点。其中主要是胶黏剂在起粘接作用的同时还起到密封作用,这也是胶黏剂广泛应用于航空工业的原因,而机械紧固需要单独的密封工艺来制备抗压接头。胶黏剂还可以连接不同种类的材料,尤其可以连接电势不同的材料,不会加速材料的腐蚀。同时,粘接与机械连接相比,可以减轻质量,在飞机制造业中可减轻 20%～30%。

胶接的缺点在于,胶接比焊接、铆接的强度低,特别是冲击强度和剥离强度更低。表面黏涂胶黏剂涂层与基体的结合强度亦较低,一般其拉伸剪切强度为 30～50 MPa。同时,粘接在使用温度上有一定的局限性。目前主要胶黏剂的工作温度一般限于 260 ℃以下。

2. 铆接的缺点

① 钉孔对材料的削弱引起应力集中,使疲劳强度降低。

② 结构质量增加。

③ 劳动量大、噪声大。

④ 零件阳极化膜因钉孔而受到破坏。

⑤ 孔边的裂纹会引起腐蚀等。

3. 胶接的优点

① 适用范围广。可连接不同材料(金属-金属、金属-非金属),材料之间的厚度可以不等、不受装配件厚度(厚度差)的影响,连接材料之间可以是多层连接。

② 连接外形质量好。连接件表面平滑、具有良好的气动力性能,而其他连接容易出现铆钉头凸起、点焊的凹陷、局部变形等。

③ 密封性能好。胶接具有良好的密封性,常用于气密座舱、整体油箱等的连接。

④ 防腐性能好。胶接的胶层对金属具有防化学腐蚀、防电化学腐蚀、防导电的性能。

⑤ 能有效减轻质量。胶接构件有效地减轻了质量,连接件间受力均匀,可采用薄壁结构;F-86D机减速板铆接改为胶接,质量由 12.5 kg 变为 8 kg;某型机机身胶接,质量减轻了15%,费用节约了 25%～30%;某预警飞机雷达罩采用胶接后,质量减轻了 20%。

⑥ 能提高接头的疲劳寿命。胶接中胶层均匀分布,不会产生局部应力集中,疲劳裂纹扩展速度慢,疲劳寿命得以延长。

⑦ 有效降低成本。胶接工艺简单,易自动化、成本低,1 000 kg 胶黏剂可节约 5 000 kg 金属连接材料,节省 5 000～10 000 个工时。

4. 胶接的缺点

① 粘接强度较低。胶黏剂的主材料一般是高分子材料,粘接强度较低(不适于承受剥离载荷)远不如金属材料。

② 使用温度较高。胶黏剂一般可以在 50 ℃工作,其中耐高温胶黏剂可长期在150～250 ℃工作,或短时间内在 350～400 ℃工作。

③ 接头性能的重复性差、使用寿命有限。

④ 胶接接头强度受影响的因素多。对材料、工艺条件和环境应力极为敏感。

5. 影响胶接强度的因素

① 胶黏剂的性质;

② 被黏材料表面的胶接特性;

③ 接头设计、接头成型工艺;

④ 周围环境应力等。

6. 胶接接头的构成

① 胶接:通过胶黏剂的作用把被黏物连接在一起,形成胶接接头。

② 内聚力:胶黏剂本身分子间相互束缚在一起的作用力。

③ 粘附力:胶黏剂与被黏表面上不同分子间的作用力。

7. 胶接理论

胶接的根本理论基础是黏附力的形成,而黏附力的形成包括胶黏剂与被黏表面之间物理的、化学的、机械的作用。

在实践中,常见的胶接的理论主要有:吸附理论、静电理论、扩散理论、化学结合理论、机械结合理论。下面我们将简要地介绍一下这几种理论。

(1) 吸附理论

吸附理论认为形成胶接连接的过程分为两个阶段。

第一阶段:胶黏剂中的高分子由于分子热运动而向与被黏表面靠近;

第二阶段:当胶黏剂与被黏物分子间距缩小到足够小时,分子间引力便发生作用,因而产生吸附。

吸附理论认为,胶接作用是胶黏分子与被黏分子在界面层上相互吸附而产生的,胶接作用是物理吸附和化学吸附共同作用的结果,而物理吸附则是胶接作用的普遍性原因。

吸附理论解释:吸附力是胶黏剂与被黏物分子间具有很大的分子间吸力。

（2）静电理论

静电理论认为,在胶接接头中存在双电层,胶接力主要来自双电层的静电引力。但其缺陷是不能解释导电胶也能很好地结合。

静电理论解释:两种不同的高分子化合物表面紧密接触时,会产生双电层(像电容器的两个极片一样),而产生静电引力。

（3）扩散理论

扩散理论认为,胶连接的本质是胶黏剂和被黏物分子通过互相扩散而形成牢固的胶接头。

（4）化学结合理论

化学结合理论认为,胶连接的本质是胶黏剂和被黏物通过化学反应而达到良好的结合。

（5）机械结合理论

机械结合理论认为,胶连接的本质是胶黏剂(液态)渗入被粘物表面的缝隙或凹陷处,固化后,在界面区产生齿合或镶嵌连接,如图 8-1 所示。

嵌装　　　钩合　　　锚合　　　钉合　　　树根固定

图 8-1　机械结合理论

8. 胶接接头及其破坏形式

（1）胶接接头的结构

胶接接头是指用胶黏剂把被黏物连接起来的部位,这一部分对于发挥胶黏剂的功能以及承受外力和耐久性等都有很大的作用。所以,它是粘接工艺中重要的问题之一。粘接接头的结构是比较复杂的,从其剖面来看,其结构示意图如图 8-2 所示。

（2）胶接接头典型的受力形式

胶接接头在实际工作状态中,其受力的情况是复杂的,其受力的形式也是多种多样的,但根据外力的作用方向与力在胶接接头上的分布情况可以分成以下 4 种典型形式,如图 8-3 所示。

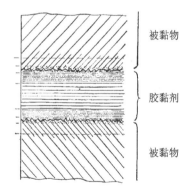

被黏物

胶黏剂

被黏物

图 8-2　胶接接头结构示意图

① 剪切。外力平行作用于胶接面上,其所受的力是剪切力。剪切应力在胶接面上的分布是比较均匀的,此时胶接接头的承载能力比较高。剪切是胶接接头最好的受力形式,胶接强度最高。

增加搭接长度,接头所能承受的破坏载荷有所提高,但增到一定长度后,承载能力很难再提高。增加搭接头宽度方向的连接长度,承载能力会直线上升。

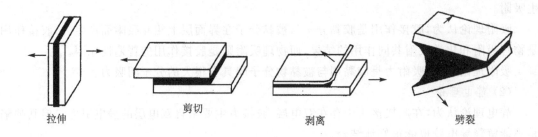

拉伸　　　　　剪切　　　　　剥离　　　　　劈裂

图 8 - 3　胶接接头受力的基本形式

② 拉伸。外力垂直作用于胶接面上，其所受的力是拉伸力。当被粘零件较厚或刚度较大时，受载时不产生挠曲变形，拉应力分布比较均匀，此时，胶接接头的承载能力亦较高；当被粘零件较薄或集中力偏心时，拉应力分布不均匀，易造成胶缝破坏。

③ 劈裂(不均匀扯离)。外力垂直作用于粘接接头界面的一端或两端上，胶接面上所受的力是扯离力。胶接强度较低。边缘处形成劈裂力，较复杂，受载端缝表现为拉应力，有较大的应力集中。

④ 剥离。外力作用的方向与胶接面成一定的角度，胶接面上所受的力是剥离力。边缘处形成外张力，应力非常集中。胶接强度较低。

(3) 四种受力形式的胶接强度比较

胶接接头的强度(简称粘接强度)是胶接接头承受外力的能力，胶接强度是衡量粘接质量好坏的重要指标。根据胶接接头受力的形式不同，胶接强度可通过 4 个强度指标进行表征。当接头所受外力与胶接面或胶层平行，在接头被破坏时，单位面积所能承受的最大剪切力为接头剪切强度，它是表示胶接强度最常用的一个指标，其单位用 MPa 表示。当接头所受外力与胶接面(胶层)垂直，接头破坏时，单位面积上所能承受的拉伸力称为拉伸强度，单位也用 MPa 表示。相应地，剥离强度和扯离强度是指在接头破坏时，单位面积上所能承受的最大剥离力和扯离力。

四种受力形式的胶接强度比较：剪切的强度最高，耐疲劳强度和安全性能好；拉伸(均匀扯离)的强度也比较高，抵御破坏的能力和安全性能都较好；劈裂(不均匀扯离)和剥离的受力性能较差，需要避免连接件承受此类载荷。总之，四种受力形式的胶接强度，剪切、拉伸(均匀扯离)、劈裂(不均匀扯离)、剥离依次降低。

9. 典型胶接接头的形式

① 对接接头，如图 8-4 所示。

② 搭接接头，如图 8-5 所示。

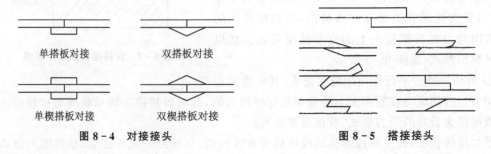

单搭板对接　　　　双搭板对接

单楔搭板对接　　　　双楔搭板对接

图 8 - 4　对接接头　　　　　　**图 8 - 5　搭接接头**

③ 槽接接头，如图 8-6 所示。

简单槽接　　　切口对斜槽接　　　切口斜槽接　　　单榫槽接　　　双榫槽接

图 8 - 6　槽接接头

④ 管材接接头,如图 8 - 7 所示。

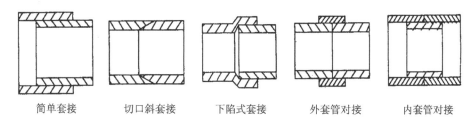

简单套接　　　切口斜套接　　　下陷式套接　　　外套管对接　　　内套管对接

图 8 - 7　管材接接头

⑤ 角接接头,如图 8 - 8 所示。

⑥ T 形接接头,如图 8 - 9 所示。

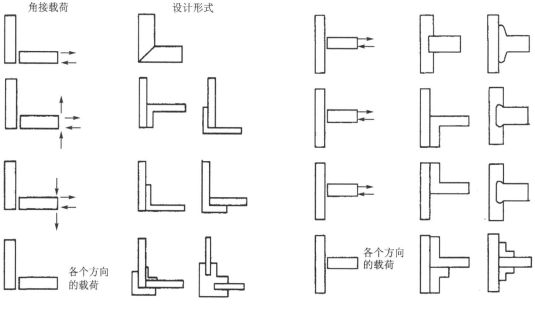

角接载荷　　　　　　设计形式

各个方向
的载荷

各个方向
的载荷

图 8 - 8　角接接头　　　　　　　　**图 8 - 9　T 形接接头**

⑦ 平面胶接,如图 8 - 10 所示。

10. 胶接接头的破坏形式

胶接接头在外力的作用下,其破坏形式一般有如下几种基本形式,如图 8 - 11 所示。

① 胶黏剂本身被破坏,称为内聚破坏,如图 8 - 11(a)所示。

② 被黏物破坏,如图 8 - 11(b)所示。

③ 胶层与被黏物界面脱开,称为黏附破坏(亦称界面破坏),如图 8 - 11(c)所示。

④ 内聚破坏与界面破坏兼而有之,如图 8 - 11(d)所示。

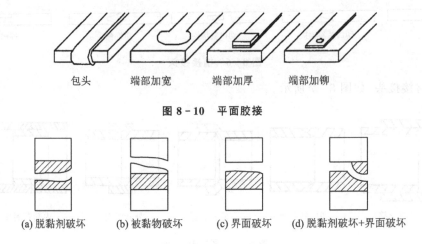

包头　　端部加宽　　端部加厚　　端部加铆

图 8 - 10　平面胶接

(a) 脱黏剂破坏　　(b) 被黏物破坏　　(c) 界面破坏　　(d) 脱黏剂破坏+界面破坏

图 8 - 11　胶接接头的破坏形式

从强度观点出发,如出现图 8 - 11(a)、(d)两种情况表明粘接强度较高,说明胶黏剂能提供较好的黏附力。

8.2　胶黏剂的组成及分类

1. 胶黏剂的组成

现今的胶黏剂大多是由多组分组成,目的是使其具有较全面的性能。组成胶黏剂的主要成分包括黏料、固化剂、促进剂、引发剂、增塑剂和增韧剂偶联剂、填料、溶剂、稳定剂及其他助剂,其中最重要的成分是黏料和固化剂。

黏料是胶黏剂的基本成分,胶黏剂的性能主要取决于它的性能。

固化剂与黏料可发生化学反应,可以使线型分子形成网状或体型结构,从而使胶黏剂固化。固化剂起到促进胶黏剂的固化的作用,固化剂对胶黏剂的性能有着重要的影响。对于某些类型的胶黏剂(如环氧树脂、酚醛树脂等),固化剂是不可缺少的。

填料的作用是减少胶层收缩和调节胶黏剂与被黏物之间弹性系数的差别,改善胶黏剂的性能(提高弹性系数、冲击韧性、耐热性,减少收缩率等)。

稀释剂是能降低胶黏剂黏度的易流动液体,用以改善胶黏剂的工艺性能,降低胶黏剂施工所致的不均匀性,从而延长胶黏剂的使用期。

2. 胶黏剂的分类

胶黏剂的种类繁多,用途广泛,形态多种多样,因此分类方法亦很多。

(1) 按胶黏剂黏料的性质分类

它表明了胶黏剂黏料这一基本组分特征,如环氧树脂胶黏剂,就表明其黏料为环氧树脂。

① 天然胶黏剂,包括动物胶和植物胶,常用的有鱼胶、骨胶、淀粉、松香等。

② 合成树脂胶黏剂,其黏料为人工合成的树脂,其中的热周型胶黏剂、热塑型胶黏剂、橡胶型胶黏剂应用很广泛。

③ 无机胶黏剂,其黏料为无机硅酸盐、磷酸盐、陶瓷等。

（2）按胶黏剂的基本用途分类

这一分类方法的特点是便于选用，按基本用途分类如下：

① 结构胶黏剂，用于粘接强度要求高、耐久性能好、能承受较大载荷和较大应力部位的粘接。

② 非结构胶黏剂，用于受力不大和次要受力部位的粘接。

③ 特种用途胶黏剂，用于特殊用途部位的粘接与黏涂，如导电胶黏剂、导磁胶黏剂、导热胶黏剂、耐磨胶黏剂、耐腐蚀胶黏剂、耐高温胶黏剂、耐超低温胶黏剂等。

④ 紧固密封胶黏剂（厌氧胶黏剂），主要用于螺纹、法兰、管子接头和轴承等配合部位。

⑤ 密封堵漏胶黏剂，主要用于门窗、管道、缸罐等部位。按其应用的特点有耐水、耐油、耐热、耐寒、耐压以及耐化学腐蚀类等。

（3）按胶黏剂的物理形态分类

这一分类方法直接表明了胶黏剂的外形特征。它可分为液态和固态两大类。液态有溶液型胶黏剂、乳液型胶黏剂和糊状型胶黏剂等；固态有粉末型胶黏剂、胶棒型胶黏剂、胶膜型胶黏剂和胶带型胶黏剂等。

8.3 胶接工艺

胶接操作使用的设备有砂纸、砂轮、刮板、加热毯、真空泵、控温装置等，操作流程如图 8-12 所示，以下分别对各步骤进行介绍。

图 8-12 胶接操作流程图

1. 黏剂的选用要点

由于使用在飞机的材料种类很多，性质千差万别，造成不能找到一种"万能胶"以便成功地应用于每一种待粘接的材料上，但是经过人们的不断实践，总结出不少针对不同的材质使用的胶黏剂。现对波音系列飞机使用的几种胶黏剂进行简单的介绍。

表 8-1 列出了不同胶黏剂在飞机维修中具有的特定用途。例如，3M 1870 是一种单组分胶，使用简便，遇空气即固化，但由于其遇水后的粘接强度会明显下降，故只能使用在不受力、不粘水的部位。EA9394 为双组分胶黏剂，适用于金属-金属之间的粘接，可应用在飞机襟翼扰流板的维修。RTV102 等胶黏剂用于密封部位的粘接，为了达到更高的粘接强度，在粘接之前要使用 DC1200 底漆进行涂覆。对胶黏剂进行选择时，首先，按胶黏剂的基本用途和主要性能进行初步选择，再根据初选出的几种胶黏剂与被粘零件、部件的使用状况进行对比分析，经过必要的试验考核，最终确定胶黏剂的类型。

2. 胶接接头的合理选择与设计

（1）常用胶接接头的基本形式

以常用平板粘接接头的基本形式为例。就其基本类型而言，有对接、斜接、搭接、套接、嵌接（槽接）等。

表 8-1 胶黏剂类型

型 号	分 类	厂家牌号	简 述	目视特征	储存寿命
12	A	3M-1870	单组分合成橡胶的石脑油溶液	棕色,可涂刷浆状	1年
60	A	RTV102	单组分70 ℉固化,硅橡胶胶黏剂	白色柔软的糊状	1年
	A	Q3-7063			
	P	DC1200 RED	底漆以达到最佳表面黏接性	红色低黏度液体	6月
	P	DC1200 CLEAR		透明液体	
	C	ACCELERATOR No.4		液体	
111	A	EA9394	双组分70 ℉下固化,环氧树脂胶黏剂	基体:灰色;固化剂:褐色	6月
		EA9394S			

注:A—胶黏剂;P—底漆。

（2）胶接接头设计的基本原则

胶接接头的设计是胶接技术的一个重要环节,它对粘接质量,特别是对粘接强度有重大影响。从总体看来,最主要的是满足两个方面的基本要求:一是满足承载能力的要求;二是保证粘接后零件或部件的加工图纸上的技术要求。

同时,应尽量使接头胶接面承受剪切或拉伸力,胶接接头的强度试验表明:胶接面承受剪切力和拉伸力的能力最大,因此,在设计粘接接头时,应使作用力在接头粘接面上产生剪切力或拉伸力。还应尽可能增大粘接而积,并且应保证胶层的均匀与连续。

3. 胶接表面的处理

（1）胶接表面处理的程序和方法

对被粘物进行表面处理,主要是脱脂除油、清洗、表面化学处理、清洗、干燥五步,可使被粘物表面获得最佳的表面状态,有利于胶黏剂的充分浸润和黏附,获得良好的粘接效果。

（2）胶接表面处理的目的

①除去表面污物。被黏物表面的尘埃、油污、锈蚀、水分等附着物,影响胶黏剂的浸润与直接接触,因此粘接前必须脱油脂处理。飞机维修中常用的清理溶剂为丙酮、乙醇等。

②改变表面粗糙度。一定粗糙度的表面,可获得较高的粘接强度,其原因是粗糙表面可以增加粘接面积和增强抗机械作用力。常用的除锈、粗化的方法有手工法、机械法和化学法。手工法使用的工具有砂布、砂纸、锉刀、刮刀、油石、砂轮等。

③改变表面化学性质。表面化学处理是提高粘接质量,提高接头耐用度的重要手段。

④提高表面防腐能力等。铝材广泛应用于航空工业中,其表面处理非常关键,常用的方法为铬酸或磷酸阳极化处理。其中,铝作为电化学电池的阳极而进行处理,在电池中加入阴极,或者也可以容器本身做阴极,如不锈钢就经常被用作容器阴极。其他金属的表面处理方法有:钢材和不锈钢采用硫酸酸洗方法;钛合金采用PASA冻胶法和铬酸阳极化法进行表面处理。

4. 调胶、涂胶与胶合

一般胶黏剂多为双组分组成,A组分主要为黏料等,B组分主要为固化剂等。调胶时一定要严格按照所使用的胶黏剂的配比进行,否则将产生固化不完全或胶层变脆。

涂胶常使用刮板完成。在涂胶操作过程中,一般应先涂少量胶,并用力使胶黏剂与被粘表面充分浸润,然后再加厚涂层。为防止包裹空气而形成气泡或气孔,涂胶时应朝一个方向移动,涂胶速度不能太快,以利于空气的排除。涂胶应均匀,涂胶量以保证所需胶层的厚度为宜。

胶合也称为合拢或黏合,是将涂胶后或经过适当晾置的被粘物表面黏合在一起的操作方法。胶层的厚度应以满足被粘物表面涂敷后不缺少胶液为原则。实验表明,大多数胶黏剂的剪切强度,都是随着胶层厚度的增加而降低的,这是因为厚的胶层容易产生气孔等缺陷,同时内应力也会相对增大。一般有机胶黏剂的胶层厚度以 0.05～0.1 mm 为宜,无机胶黏剂的厚度以 0.1～0.2 mm 为宜。

5. 固 化

固化是胶黏剂通过物理和化学作用,使其变为固体并具有一定强度的过程,它是获得良好粘接性能的关键过程,只有完全固化其强度才会最大。只有升高温度才能使固化反应继续进行,趋于完全固化。因此,在固化时必须掌握好温度、时间、压力三要素。

在飞机维修中,常利用真空包对粘接部位进行加温加压,当真空包的压力、温度达到要求时,才能计算固化时间。使用的设备有电热毯、真空泵和控温装置等,如图 8-13 所示为复合材料的固化工具。

(a) 制作真空包   (b) 加热毯   (c) 热补仪

图 8-13 复合材料固化

6. 胶接质量的检验

目前,对于复合材料中粘接结构质量的检查常使用无损检测(Non-Destruc Tivetesting,NDT)的方法。利用 X 射线、超声波和红外热成像等手段可以精确、快捷地检测出粘接连接结构的接头质量好坏。通过超声波测试,可观察到粘接结构是否分层;声阻抗法可以检测到被粘物是否脱胶;红外热成像仪则是专门用来检测粘接结构内部有无积水。检测中使用到的超声波测试仪和红外热成像仪等设备如图 8-14 所示。

(a) 超声波检测仪   (b) 红外热成像仪

图 8-14 胶接结构的质量检查设备

比较简便直观的方法,也可以对粘接质量进行初步的检查,常用方法有:

① 目测法。在固化结束后,用肉眼或放大镜观察胶层周围有无翘曲、脱胶、裂缝、疏松、位错、碳化和接缝不良等。

② 敲击法。使用圆木棒或小锤敲击粘接部位,有时可用硬币代替。如果发出清脆声音,表明粘接良好;声音变得沉闷沙哑,表明里面很可能有大气孔或夹空、脱层和胶黏剂缺陷。

③ 溶剂法。胶层是否完全固化,可用溶剂法检查。最简单的方法是用丙酮浸脱脂棉,敷在胶层暴露部分的表面,浸泡1~2 min,看胶层是否软化或粘手,以此判断是否完全固化。如果胶层不软化、不粘手、不溶解、不膨胀,表明表面已完全固化,否则未固化或固化不完全。

选择检测方法时,应考虑下列因素:

① 胶接零件的形状、材料和结构尺寸;

② 待检胶接缺陷的类型和大小;

③ 检测区域的可达性;

④ 现有设备和人员素质等。

8.4 胶接操作的安全注意事项

合成胶黏剂的各个组分大多数为有机化合物,有不同的物理化学特性,有的对人体有毒害作用、有的易燃、有的有腐蚀性。在使用有毒物质时,应加强工作场地的通风排风,减少空气中有毒气体的浓度,并要背风操作。操作时应严格遵守有机物和毒物操作的一般安全操作规程,尽量避免用手直接接触药物,要戴口罩,穿工作服,戴防护手套。

合成胶黏剂的许多组分都容易燃烧,尤其是溶剂、稀释剂不仅会燃烧,而且与空气混合到一定浓度范围时,遇明火还会引起爆炸。胶黏剂的各种操作过程中务必在远离火源的地方进行,特别注意通风。

8.5 胶接技术的应用

近年来,随着高性能的快速固化胶黏剂和高效的胶接固化技术的研制成功,胶接技术被广泛地应用于飞机结构的制造和修补之中,粘接技术作为飞机结构的一种修理手段正显得日趋重要。

1. 胶接在飞机部件连接中的应用

随着科技的不断发展,飞机结构中的粘接件的使用越来越多。飞机中大量使用的复合材料就是通过金属-金属间、金属-非金属间以及非金属-非金属间的粘接制造而成的。复合材料在民用运输机上的用量越来越大,主要用来制造雷达罩、整流罩、舱门、舵面、襟翼、扰流板等重要构件。蜂窝夹层结构是一种应用最广泛的复合材料之一,其结构就是用两层较薄的面板中间夹以较厚的芯材,面板与芯材之间通过胶膜层粘接而组成夹层板壳结构。面板材料可以选用树脂基玻璃纤维复合材料,制成玻璃纤维夹层结构;也可以用碳纤维、芳纶纤维复合材料,制成先进复合材料夹层结构;还可以选用铝合金、钛合金、不锈钢板,制成金属面板夹层结构。蜂窝芯材有金属和非金属两种。金属蜂窝芯材主要是用铝箔、不锈钢箔粘接成六角形孔格形状制成的;非金属蜂窝芯材主要是用玻璃纤维布粘接而制成的。

在飞机使用过程中,复合材料中的胶接部位经常会出现脱层、脱粘、蜂窝内积水、表层及蜂窝出现凹坑等损伤。利用敲击法、声阻抗法及红外热成像法可以方便快捷地检测出这些缺陷的存在。复合材料维修人员将根据 SRM 手册的规定对复合材料中的损伤进行修补,完成金属-金属间、金属-非金属间以及非金属-非金属间的粘接工作。

2．操作练习

本练习进行铝板与铝板间的粘接操作,假设铝板为飞机蒙皮,其上有微裂纹存在,使用铝板补片对其进行粘接修补。采用胶接修补,飞机蒙皮可获得较好的综合性能,对飞机结构不再造成破坏,可实现单面操作,维修过程既简单又快捷。然而,这种粘接修补方法只适合破孔直径在 80 mm 以下使用,对于进气道内的蒙皮破孔不宜采用。

1）实习材料

铝板、木锤、钢尺、铅笔、橡皮、圆规、钻、剪刀、80♯砂纸、120♯砂纸、丙酮、脱脂棉球、吹风机、刮板、胶黏剂。

2）实习步骤

（1）破损区域的处理

① 将破损部位使用木锤进行修正,使其表面平整。测量破损裂纹的长度 L,在裂纹两端使用钻头钻出直径为 4 mm 的孔,消除应力集中。

② 对损伤区域进行表面处理。使用 80♯ 和 120♯ 砂纸对损伤区域进行打磨,先使用粗砂纸,再使用细砂纸,再用蘸有丙酮的脱脂棉球对其表面进行清洗。多次清洗后,使用吹风机进行干燥。表面阳极化过程省略。

（2）补片的准备

① 补片的直径一般比裂纹破孔的直径大 50 mm,在铝板上剪下适当大小的圆片。

② 对其进行表面处理,处理过程与破损区域处理过程相同。

③ 在破损区域内,沿裂纹方向及其垂直方向为坐标轴,用铅笔标出。将补片与破损区域叠合,圆心与坐标原点基本重合。在补片上也画出相应的坐标轴。

（3）胶黏剂配制

本次练习使用已提前配好的胶黏剂。

（4）刷胶黏剂

使用刮板将胶黏剂刷在补片上,厚度在 0.2～0.3 mm。为防止胶黏剂起泡,应沿同一方向移动胶黏剂,移动速度为 2～4 cm/s。使用无溶剂环氧树脂类胶黏剂,不需要进行晾置。

（5）黏　合

将补片黏合在受损蒙皮的表面,利用坐标轴找准补片放置的位置。

（6）固　化

把补片粘接在蒙皮外表面,固化 24 h。

（7）清　理

固化后取下加压工具,再用砂布打磨补片边缘,使之光滑,去除余胶。用橡皮擦掉画线。

（8）质量检测

质量检测方法参照 8.3 节相关内容。

思考题

1．胶接的优点有哪些？

2．胶接的缺点有哪些？

3. 影响胶接强度的因素有哪些?

4. 胶接的根本理论基础是黏附力的形成,而黏附力的形成包括胶黏剂与被粘表面之间物理的、化学的、机械的作用。在实践中,常见的胶接的理论主要有哪些?

5. 胶接接头典型的受力形式有哪些?

6. 胶接接头的破坏形式有哪些?

7. 胶接操作流程包括哪些?

8. 胶接接头设计的基本原则是什么?

9. 胶接表面的处理包括哪些?

10. 比较简便直观的方法也可以对粘接质量进行初步的检查,常用方法有哪些?

第9章 密封和防腐

通常把飞机的密封措施分为密封胶密封和封严件密封两大类。密封胶密封主要用于飞机结构的密封,是维持座舱气密条件、防止整体油箱漏油及结构腐蚀的主要方法。封严件密封主要用于飞机工作系统的密封,防止液、气的泄漏及异物的侵入,确保系统的正常工作。

腐蚀损伤是航空器最严重的损伤形式之一。据统计,在飞机金属结构件受损报废的过程中,有超过 90% 的原因都与腐蚀有关。正确的腐蚀防护施工是确保航空器安全飞行、实现耐久性使用指标的重要手段。

9.1 密封胶密封

9.1.1 密封胶的基本概念

1. 密封胶的应用

密封是现代商用飞机制造过程中必不可少的工序。密封胶在飞机上的用途十分重要,例如:密封燃油油箱结构;维持座舱气密;阻挡水分或腐蚀性液体或气体渗入到结构内部,防止结构腐蚀;形成气动的平滑表面等。

2. 密封胶的特性及要求

① 密封性,良好的弹性和塑性,耐温、耐油、耐水、耐气候以及良好的粘接力。

② 无腐蚀作用,毒性小,对人体的健康影响较小。

3. 密封胶的分类与识别

密封胶混合物是一种合成橡胶材料,在涂抹时要保持液态,之后通过化学变化转变成为具有一定弹性的固体物质。密封胶的分类如下:

① 按组成成分,分为聚硫化物和有机硅树脂两类。聚硫化物(也可称为聚亚胺酯)密封胶,耐高温性能较差,用在对温度要求不高的区域;有机硅树脂密封胶(含硅)一般用于有特定要求的工作区域中,如高温区等。

② 按配制的类型,分为单料(见图 9-1(a))和双料密封胶(含催化剂和基料两种材料)。

③ 按包装和存放形式,双料密封胶分为罐装(见图 9-1(b))、套装(SEMKIT)(见图 9-1(c))、预混冷冻及冷冻散装形式。罐装式可根据需要的用量按比例自行配置。套装则由厂家按既定的可用量配置好催化剂和基料的剂量,用推杆将催化剂挤入基料,用搅拌杆进行充分混合后即可使用,而且套装还配备了喷嘴,使用方便,但此类密封胶不适合在小剂量的场合使用。预混冷冻形式适用于混合后可冷冻保存以延长施用时限的密封胶(例如 BMS5-95 等),具体操作应遵守手册的要求。

④ 波音航材规范航材型号按照稠稀度和施用时限分类。在相同的航材型号中,密封胶根据稠稀度和施用时限等参数的不同进行分类,如表 9-1 所列。施工时,可根据施工条件选择不同类别的密封胶,如表 9-2 所列。相关术语解释如表 9-3 所列。

(a) 单料　　　　(b) 双料罐装　　　　(c) 双料套装

图 9 - 1　密封胶的分类

表 9 - 1　密封胶的分类

类　别	施工形式	说　明
A 类	预先刷涂或预先填充施工	低黏度,较稀,有较好的流动性,适合于刷涂的密封胶
B 类	填角、贴合面、注射、预先填充及紧固件密封施工	较稠,有良好的触变性
C 类	仅用于贴合面密封施工	中等稠度,有良好的可延展性,挤出时限较长
D 类	填孔施工	高稠度,糊状,有良好的触变性,不易流动,适合于填孔施工
E 及 F 类	喷涂施工	可喷涂密封胶,E 类胶喷涂后可作为涂层,F 类可作为底漆层
G 类	喷涂、刷涂或辊涂施工	低黏度,适用于需要较长挤出时限和较好流动性的施工场合

表 9 - 2　密封胶使用说明的部分简表

航材规范(型号)	类　别	材料说明	用　途	施用时限/h	挤出时限/h	无黏性/h	固化时限/h	供应商说明
BMS 5 - 95	B - 1/2	双料密封胶,含铬以提高材料的防腐性能	贴合、预先填充、注射、填角	1/2	1/2	10	20	PRO - SEAL 870 B - 1/2
	B - 2		贴合、预先填充、注射、填角	2	6	36	48	PRO - SEAL 870 B - 2
	C - 20		贴合表面	12	20	20(最小)	160	PRO - SEAL 870 C - 20

表 9 - 3　密封胶术语解释表一

术　语	说　明
施用时限	密封胶可用涂刷或密封枪进行有效施工的时间范围,一般在 75 ℉、50% 相对湿度的条件下得出。施用时限随温度、相对湿度的变化而改变。具体要求,应参考相关的维护手册
挤出时限	在贴合面密封后,安装紧固件时,密封胶可从贴合处挤出。挤出时限就是指密封胶从解冻后到不能再从贴合处挤出的时间范围
无黏性状态	在这种状态下,用一片薄纸按压在密封胶上,薄纸不会被粘连。在密封胶上面施涂覆盖层之前,必须保证密封胶已经固化到这种状态
固化时限	密封胶通过化学变化以及溶剂挥发的方式硬化或凝固的过程所需要的时间范围。固化速率与环境、温度、相对湿度及施涂的厚度有关。具体要求,应参考相关的维护手册

9.1.2　基本操作规范

1. 施工准备

① 手册。由于飞机制造商的规范和要求有差异,工作时应按照厂家手册的要求施工。例如:飞机维修手册(AMM)第 20 章(标准施工工艺),第 28 章(燃油油箱),第 51 章(机身结构)以及结构修理手册(SRM)第 51 章。

② 材料。应根据手册的规范要求和施工条件选择材料,见表 9-4 和表 9-5。使用前应确保密封胶没有过期。

表 9-4　密封胶材料的选择的部分简表

密封区域	密封等级	施用形式及材料			
		填角、注射、预先填充、紧固件	贴合面	填孔施工	刷涂、紧固件接合
燃油油液区	绝对密封	BMS5-26,Class B BMS5-45,Class B	BMS5-26,Class B or C BMS5-45,Class B	BMS5-16	—
燃油油气区	中等密封	BMS5-26,Class B BMS5-95,Class B	BMS5-26,Class B or C BMS5-95,Class B or C	BMS5-16	BMS5-26,Class B or C BMS5-95,Class B or C
气密结构	外延密封	BMS5-26,Class B BMS5-95,Class B	BMS5-26,Class B or C BMS5-95,Class B or C	BMS5-16	BMS5-26,Class B or C BMS5-95,Class B or C
耐气候	中等或有限	BMS5-26,Class B BMS5-95,Class B	BMS5-26,Class B or C BMS5-95,Class B or C	BMS5-16	BMS5-26,Class B or C BMS5-95,Class B or C

表 9-5　密封胶术语解释表二

术　语	说　明
密封类型	① 根据所起的作用,分为主密封层密封胶和次级密封层密封胶。主密封层的密封胶直接接触油液或压力,起主要的密封作用。次级密封层的密封胶则对主密封起支撑作用,称为支持密封(backup seal),或当主密封失效时,起失效保护作用,称为隔离密封(isolation seal) ② 根据施用形式,分为填角、贴合面、注射、预先刷涂、预先填充、填孔及衬套、紧固件密封等
密封等级	根据飞机结构的使用要求,规定了必须密封的部位、部件及应采取的密封形式;等级分为:绝对、外延、中等及有限密封
密封板	密封板是完全封严的结构,或结构的分界面。在整体油箱中,密封板构成了阻隔燃油流通的分界面,由结构件、紧固件和密封胶组成

③ 方式与工具。应根据手册要求确定施工形式,准备好相应的工具。常用工具如图 9-2 所示,通常包括:密封胶专用铲刀、密封胶注射枪、电子秤、清洁用品、辊子、展延板、整形工具(抹刀)、粘纸等。

④ 劳保用品。施工时,会接触清洁剂、密封胶等化学品,应使用必要的保护用品,例如:手套、口罩和护目镜等。

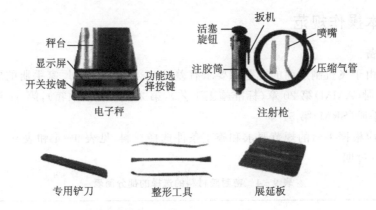

图 9－2　施工中使用的部分工具

2. 施工程序

（1）去除密封胶

① 施工前应对受施工影响的区域或部件采取适当的屏蔽保护措施。

② 只能使用塑料或手册推荐使用的铲刀去除密封胶，铲刀可用 220 粒度或更细的氧化铝砂纸打磨到必要的锐度和形状，如图 9－3 所示。如果是喷涂型密封胶，可采用打磨的方式，打磨时注意不要损伤结构，打磨后用布和清洁剂擦拭干净。

③ 如果密封胶有一定的厚度及硬度（例如：填角密封），可先用专用铲刀去除密封胶（铲刀使用前应清洁，使用时不得损伤工件表面），然后再用布和清洁剂擦拭干净。

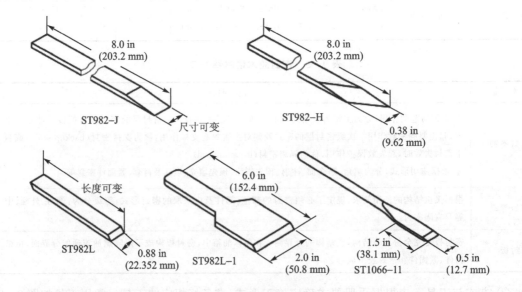

图 9－3　铲刀的打磨

（2）表面预处理

因为表面有尘土和油脂会影响密封胶的黏附力和粘接力，在密封前先要对表面进行彻底清洁。为了保持清洗溶剂的清洁，一般是把溶剂倾倒在白布上，如果要清洁的范围比较大，应采取局部、循序渐进的清洁方式。清洁好的区域要立刻擦干，避免滑油等污物的二次污染。反复清洁操作直到在布上没有可见的污渍。通常清洁的范围要比实施密封的区域大,而且在密封前还要对表面做最后的清洁。

（3）确保底漆层完好

根据手册要求,确保表面底漆层完好,必要时应重新喷涂。

（4）配制密封胶

遵循密封胶标签上有关密封胶调制准备的说明,按规范操作。使用冷冻的预制密封胶,应放在常温下加温,直到容器上的凝结水耗干,确保密封胶完全融化,冷的密封胶不能黏附在结构表面。不要将解冻后的密封胶再次冷藏使用。对于单料密封胶,可直接使用,对于双料密封胶,一般的操作方法如下:

① 查看标签,检查基料和催化剂的批号,核实有效期。如果批号不一致、过期或发现密封胶已经变质,例如变干、发黏或呈块状,应停止使用。

② 做好个人防护措施。

③ 在进行配比之前,基料和催化剂应充分搅拌均匀,然后按照说明程序对两部分混合物按正确比例进行调配。在调配中所使用的催化剂不能少于 5 g。

④ 使用干净的抹刀或适当的工具充分搅拌混合物直至混合物呈现均匀、颜色统一的流质,注意搅拌时不要混入气泡。如果看到斑点或条纹（一般是催化剂尚未混合的残存）,这说明没有充分混合,这样会影响固化性和使用效果。

⑤ 混合后的密封胶必须根据规定的施工时间要求完成施工。

（5）施　用

按照手册的规定,采取正确的施工形式进行施工,确保外形和尺寸等参数满足要求,并在规定的施工时限内完成。施用的一般方法如下:

① 施工前应对受施工影响的区域或部件采取适当的屏蔽保护措施。通常用粘纸按规范要求的尺寸隔离出施工区域。清洁所用的密封工具。

② 单料密封胶的施用:

ⓐ 根据工作需要可将喷嘴切成一定角度,角度决定密封胶的厚度。

ⓑ 用注胶枪向前挤推密封胶,挤出的部分应均匀,截面厚度要达标。

ⓒ 在表面固化之前,尽快（时间控制在 30 min 内）将密封胶涂抹到所需的厚度。

③ 双料密封胶的施用:

ⓐ 缓慢、连续地将密封剂涂到工作表面,要充足且能够完全覆盖需施涂区域。

ⓑ 用整形工具调整外形,抚平密封胶让表面光滑,满足密封胶成形尺寸的要求。

ⓒ 用整形工具除去所有多余的密封胶。清洁施工区域及密封工具。

④ 等密封胶充分固化后再在上面进行其他的工作。

⑤ 做最后的检查,不合要求的要重做。

⑥ 去除屏蔽保护。

（6）固化检查

注意把握密封胶的固化时间。在密封胶充分固化后,才可覆盖其他涂层。按要求,取部分用于施工的密封胶作样本,以便确认固化的情况。

（7）做好清理工作

密封区域必须保持清洁,正确地处理多余的密封胶,分解工具并清洗干净、妥善存放。

3．密封胶密封的几种施工形式

图9－4～图9－10所示为常见的密封胶密封的施工形式。

① 预先刷涂/填充密封，如图9－4所示。

② 贴合面密封，如图9－5所示。

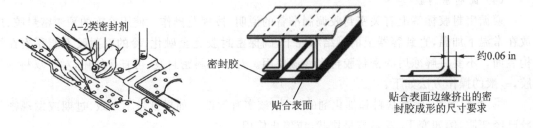

图9－4 预先刷涂密封   图9－5 贴合面密封

③ 填充（塞孔和塞缝）密封，如图9－6所示。

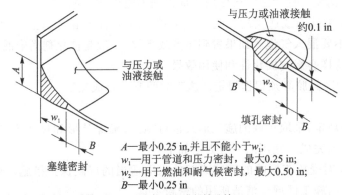

A—最小0.25 in，并且不能小于w_1；
w_1—用于管道和压力密封，最大0.25 in；
w_2—用于燃油和耐气候密封，最大0.50 in；
B—最小0.25 in

注：如果w_1或w_2小于或等于0.1 in，一般不必进行填孔施工。

图9－6 填充密封

④ 填角密封，如图9－7所示。

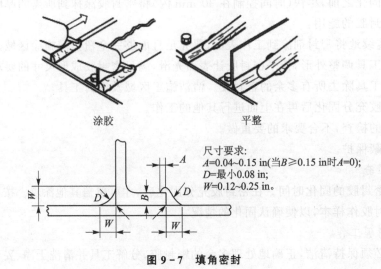

涂胶   平整

尺寸要求：
$A=0.04～0.15$ in（当$B≥0.15$ in时$A=0$）；
$D=$最小0.08 in；
$W=0.12～0.25$ in。

图9－7 填角密封

⑤ 航空动力平滑表面密封,如图 9-8 所示。

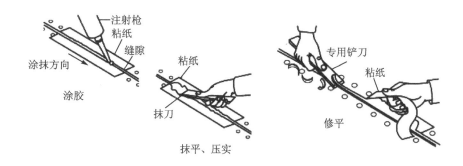

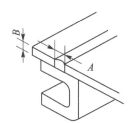

尺寸要求

缝隙的宽度与深度	
宽度A/in	深度B/in
0.02~0.03	0.10(最大)
0.03~0.05	0.25(最大)
0.05~0.10	0.50(最大)
0.10~0.15	0.75(最大)

图 9-8　航空动力平滑表面密封

⑥ 注射密封,如图 9-9 所示,其中填孔密封的尺寸应参考图 9-6。

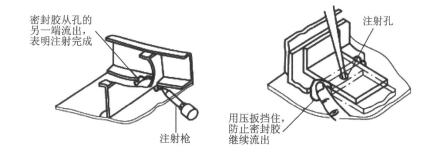

图 9-9　注射密封

⑦ 紧固件密封,如图 9-10 所示。

4. 注意事项

① 配制密封胶时,应先阅读容器上的标签或参考材料安全数据单(MSDS),明确相应的安全保障信息。施工时,佩戴护目镜,戴手套避免皮肤接触。

② 密封胶和清洁剂属易燃危险品,施工时要保证良好的通风。不要长时间呼吸密封胶的挥发物。遇有大量挥发物释放,应把受害者立刻安置到空气清新的地方进行治疗。

③ 施工时,严格按照手册规范施工。不要让密封胶堵塞排水口,在燃油箱施工时,不能用塑胶刮板,以防止摩擦产生静电。施工后,应留样本,以备检查固化情况。做好工作区域及个人的清洁工作,废弃物应按规定进行处理。

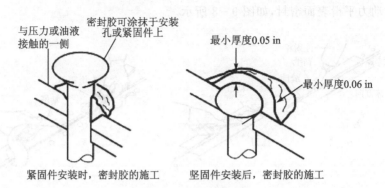

紧固件安装时，密封胶的施工　　坚固件安装后，密封胶的施工

(a) 埋头紧固件密封形式

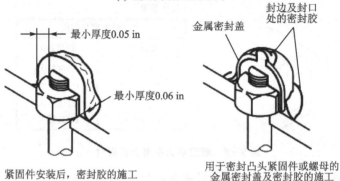

紧固件安装后，密封胶的施工　　用于密封凸头紧固件或螺母的
金属密封盖及密封胶的施工

(b) 凸头紧固件密封形式

图 9-10　紧固件密封

9.1.3　应用举例

任务：填角密封的施工。

1. 准　备

① 查找手册，明确施工规范。

② 准备材料：选择 BMS5-9YB-2 型密封胶（牌号 PS870B2）、清洁用品、粘纸等。

③ 准备工具：密封胶枪、整形工具、电子秤等。

④ 劳保用品：手套、口罩、护目镜等。

2. 操　作

① 施工表面做好清洁准备工作。

② 根据手册的成形要求，用粘纸围出施工区域。

③ 估计所需的施工用量，配制密封胶，并装入注胶枪挤压筒。将挤压筒装入注胶枪，调整喷嘴的角度，使枪头紧贴着缝隙。向前推挤密封胶，使其产生的鼓起在枪头的前方，尽量保持直线行进。

④ 用整形工具将密封胶压紧、修整，确保光滑、平整、无气泡，成形尺寸满足要求。

⑤ 配制好的密封胶的施用时限为 2 h（查表 9-2），确保在该时限内完成施工。

⑥ 拆除粘纸，清洁施工区域、工具和设备，妥善处理废弃物。做好个人清洁工作。签署必要的文件和工卡。

9.2　封严件密封

9.2.1　封严件的基本概念

1. 用途与适用范围

封严件(通常称为密封圈)的作用是为了防止流体系统(如:燃油系统、液压系统或空调系统)里的流体渗漏、灰尘渗入,确保系统工作正常。其适用范围,是由系统的工作压力、系统使用介质种类、密封元件运动模式、密封表面粗糙度以及密封间隙等因素来决定的。

2. 封严件的分类与识别

密封元件的材质不同,其物理特性也不同,能耐受的介质也不同。密封元件形状不同,其密封作用也不同,常用的材料与形状如表9-6和表9-7所列。

表 9 - 6　密封圈的材料与特性

材　料	原　料	特　性
丁腈	合成橡胶	耐石油、不耐酸
氯丁	乙炔基橡胶	耐石油抗磨、不耐酸
异丁	原油合成橡胶	抗酸、耐液压油
聚四氟乙烯(PTFE)	四氟乙烯的聚合物	耐温、适合各种介质、膨胀小

表 9 - 7　密封圈的形状与作用

形　状	作　用
O 形密封圈	防止内漏和外漏的双重功能
支撑圈	侧面支撑 O 形密封圈
刮圈	防止污染物渗入系统
铜石墨封严	防止油液渗漏

9.2.2　基本操作规范

1. 准　备

(1) 手　册

常用 O 形密封圈拆装的标准施工工艺,可以查找飞机维修手册 AMM 第 20 章;特殊类型的密封圈的拆装工艺,则应查找相关系统部件的拆装程序。

(2) 材料与类型

密封圈的型号应严格按照部件图解手册(IPC)的规定选用。密封圈的润滑剂应按维修手册的规定选择。

(3) 方式与工具

按手册规定的方式和工具(见图 9-11)拆装密封圈,确保无损伤、扭曲或变形。

2. 操　作

① 拆卸时,使用正确的工具并采取必要的保护措施,以免损伤安装面。拆除的旧密封元

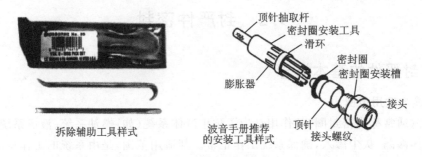

顶针抽取杆
密封圈安装工具
滑环
密封圈
密封圈安装槽
膨胀器
接头
顶针
接头螺纹

拆除辅助工具样式

波音手册推荐
的安装工具样式

图 9 - 11　密封圈的拆装工具举例

件不得重复使用,应按照手册的规定进行更换。

② 选择正确的密封圈,检查密封圈的外观,查看包装袋上标注的耐温、耐受介质、件号规格及存储时间。确保无损伤、变形及过期。

③ 按要求选择润滑剂,做好密封圈及其安装面的润滑。有些情况下,还应将密封圈放在润滑油内浸泡一段时间,才能安装。

④ 清洁和检查安装面,确保无划伤、切伤、刻痕或毛刺。特别留意在尖锐边缘(如螺纹、边角)处,应采取适当的保护措施(见图 9 - 12)。

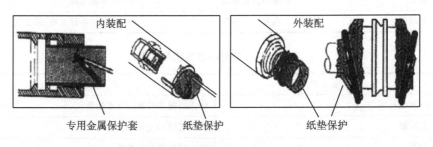

内装配
外装配
专用金属保护套
纸垫保护
纸垫保护

图 9 - 12　密封圈的保护措施

⑤ 选择适当的装配工具,按规范要求正确装配封圈。检查封圈,确保无损伤、扭转、受力不匀或变形。例如,合成橡胶 O 形密封圈的拉伸内径不得超过 50%;特氟隆衬圈的内径不得扩大超过 5%。确保径向密封有合适的凸出量,侧面密封有足够的压紧量,活动密封有良好的侧面间隙。图 9 - 13 所示为某型管道接头内安装的密封圈的装配示意图。

⑥ 施工结束后,清洁工作区域。按手册要求,完成系统泄漏测试。

3. 注意事项

① 严格遵守手册规定选择密封胶圈。一般情况下,密封圈只能使用一次。

② 严格保存封圈,使用前应检查封圈,如果发现老化、龟裂、缺损、缺乏弹性、明显变形、超过保管期或使用期,都应报废。

③ 安装前应润滑并采取必要的保护措施,防止损伤。安装后应进行泄漏测试。

9.2.3　应用举例

以管道接头密封圈的安装为例,如图 9 - 13 所示。

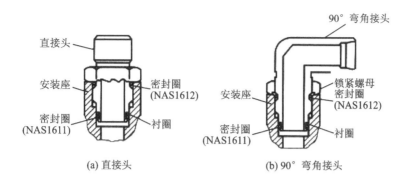

图 9 - 13 管道接头密封圈的装配图

1. 准　备

① 查找手册,明确工艺规范。

② 准备材料:密封圈(NAS1612,NAS1611)、衬圈(MS28773)、润滑油(磷酸酯基液压油)、清洁用品、纸等。

③ 准备工具:密封圈拆装辅助工具等。

④ 安全事项:遵守磷酸酯基液压油的安全操作要求。

2. 操　作

① 按手册要求,拆除接头。

② 拆除并检查旧的密封圈,发现异常应报告。旧的密封圈必须报废。

③ 清洁、检查接头上的密封圈安装槽,确认无损伤。润滑安装槽。检查新的密封圈,确认无损伤、变质或过期,润滑密封圈(注意只能使用磷酸酯基液压油进行润滑)。在螺纹处采取必要的保护措施,防止密封圈经过螺纹时受损。

④ 按图 9 - 13 所示,将密封圈、衬圈装入槽内。检查密封圈及衬圈,确保无损伤和扭转。

⑤ 正确安装接头,清洁工作区域。

⑥ 完成接头泄漏测试,签署工作单/卡。

9.3　常见腐蚀种类、腐蚀的处理和防腐蚀措施

　　腐蚀损伤是航空器最严重的损伤形式之一,它严重危及着航空器的飞行安全。另外,在使用寿命期内,用于维修结构腐蚀损伤的费用是相当高的。根据国际航空运输协会 1983 年的统计,由于飞机结构腐蚀给航空公司带来的平均经济损失大约是一架飞机每 1 飞行小时需要 24 美元的维修费用。因此,为保证航空器的飞行安全,降低维修费用,机务维修人员必须及时发现航空器的腐蚀损伤,并采取相应的维修措施。

9.3.1　腐蚀损伤的类型

　　掌握和分辨腐蚀损伤的形式,对于发现和判断腐蚀损伤并及时采取正确的处理措施来说,是至关重要的。腐蚀可分为几种不同的类型,当凭借分类从本质上无法辨别腐蚀时,可以以最

相近的化学方法选择最好的处理措施。

1. 应力腐蚀

应力腐蚀是拉应力和腐蚀介质共同作用下材料发生的一种失效现象,多发生于机翼的下蒙皮。应力腐蚀裂纹一般沿一个单一的方向,通常出现在滚弯成型、挤压、锻造件的纹路方向。一旦发现此类腐蚀,请仔细检查整个构件,有可能在其他位置存在应力腐蚀。

2. 剥层腐蚀

剥层腐蚀同应力腐蚀类似,通常发生在滚弯成型、挤压、锻造铝合金件的纹路区域,腐蚀产生的产物致使结构沿纹路发生分层。

注意大量的腐蚀产物。腐蚀产物的厚度会达到甚至超过原材料厚度的 10 倍。在搭接区域,腐蚀产物产生的压力使结构出现明显的鼓包以及变形。

3. 丝状腐蚀

丝状腐蚀的产物在金属表面漆层上形成网状的细丝。它只发生在漆层下面,通常去除漆层后在紧固件周围可以看到。

此类腐蚀的发展比较缓慢平稳,所以看起来不太明显,如果不及时修理,在紧固件周围会导致穿晶腐蚀。

4. 电化学腐蚀

电化学腐蚀是一种严重影响金属性能的腐蚀形式。它有三个必要条件:阴阳极有电位差;电解液;阴阳极之间有导路。

当两种不同的金属接触或处于腐蚀介质(水)中时会发生电化学腐蚀。这是金属最主要的腐蚀形式,比如铝合金在保护层损伤后会作为阳极被腐蚀掉。电化学腐蚀的速度非常快,在工作中尽可能避免使用不同类型金属,如果必须使用,两种金属必须利用保护层或其他方法隔开。所以对不同金属间保护层的维护是抑制腐蚀的根本。

5. 缝隙腐蚀

缝隙腐蚀是一个术语,用于描述发生在缝隙中或积水区的腐蚀形式。这种腐蚀通常产生于同种金属间的积水区或保护层破损处。图 9-14 所示为蒙皮与长桁结合处内表面发生的缝隙腐蚀,在发现之前蒙皮已被完全腐蚀穿。和紧固件区域典型疲劳裂纹不同,腐蚀裂纹可以在任何位置出现。

6. 点 蚀

点蚀自表面开始向金属内部扩展,是一种区域腐蚀,它源于表面涂层失效、脱落或有外来沉积物的地方,要防止点蚀的进一步扩展,就必须彻底除腐,如图 9-15 所示。

图 9-14 缝隙腐蚀　　　　　　　　　　图 9-15 点 蚀

7. 微生物腐蚀

生长于油箱中微生物的排泄物如有机酸、醇类等可穿透油箱涂层,从而造成铝合金结构件的腐蚀。微生物的典型特征是:黏附在油箱底部,在有水和较高温度区会大量繁殖。有水时,呈褐色黏糊状,无水时呈黑色,如图 9-16 所示。

微生物如果不及时清除,会穿透油箱涂层导致点状腐蚀的产生,如果微生物腐蚀特别严重需更换机翼下蒙皮。

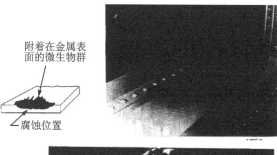

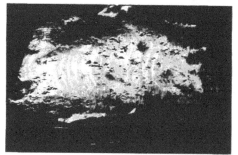

图 9-16　微生物腐蚀

9.3.2　航空器腐蚀损伤的目视检查

1. 腐蚀检查方法

腐蚀的检查方法包括目视法和触摸法,利用无损探伤可做进一步的检查。目视检查是检查者通过目视观察,根据腐蚀迹象和特征,判断是否产生腐蚀的检查方法。例如:在机身增压舱蒙皮上的铆钉后部出现黑色尾迹,蒙皮鼓起,铆钉断头、变形,蒙皮上出现针眼大小的可见小孔,沿接缝处表面的涂层变色、隆起、裂纹或剥落,结构变形或连接缝隙变宽等。触摸检查法是目视检查的重要辅助手段,例如:对于发现剥层腐蚀,利用手感比目视更敏感。

2. 飞机易发生腐蚀的部位

对易于发生腐蚀的结构处加以重点检查,能够帮助检查者及时发现腐蚀的初步迹象,采取必要的措施做进一步的检查(见图 9-17)。例如:舱底区域、厨房和卫生间的底下区域等。

3. 腐蚀损伤评估

在完成腐蚀检查及清除后,应按手册或规定进行腐蚀损伤的评估,以确定修理方案。通常评估的内容包括:腐蚀的类型、腐蚀深度、扩散的程度、检查周期以及结构件的等级。针对腐蚀防护与控制大纲的项目,还应定级。腐蚀深度测量方法如图 9-18 和图 9-19 所示。

4. 注意事项

① 熟悉和掌握各类腐蚀类型的基本特征。

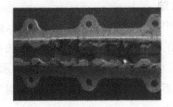

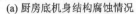

(a) 厨房底机身结构腐蚀情况　　　　　(b) 座椅轨道腐蚀情况

图 9 - 17　结构腐蚀情况举例

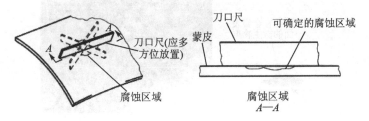

图 9 - 18　刀口尺测量法

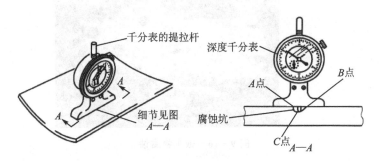

图 9 - 19　深度千分表测量法

② 在实践中,总结飞机容易产生腐蚀的结构和部位。

③ 认真、仔细,必要时应采取一切可能的方法检查和判断腐蚀情况,以提高腐蚀的初检率,保证飞机的可靠性和耐久性。

5. 腐蚀检查的基本操作规范

(1) 准　备

① 手册:针对腐蚀检查的规范和要求,通常可以查找飞机结构维修手册(SRM)第 51 章,飞机维修手册(AMM)第 51 章及相关部件所对应的系统章节,也可以查找腐蚀防护手册(CPM)。另外,还应遵守某些飞机结构检查的规定,例如腐蚀控制和防护大纲(CPCP),补充结构检查程序(SSI)等。

② 方式:通常采用目视检查,对隐蔽结构或需做进一步调查,应采用无损探伤。

③ 工具:强光手电筒,反光镜,内窥镜,10 倍的放大镜。

(2) 操作(目视检查)

① 查阅手册和工卡,明确规定和要求。

② 按要求,打开接近盖板、舱门,拆除必要的部件,尽量接近被检查的部件。

③ 对于结构表面喷涂的防锈剂(CIC)或涂抹的油脂等,有必要先清除。

④ 进行初始检查,根据腐蚀的特征、迹象,判断是否有发生腐蚀的情况,对于无法直接观

察或判断的腐蚀情况,应采用无损探伤的方法进行检查。根据腐蚀情况,对表面进行清洗、清除漆层,判断腐蚀的范围、程度和类型。

⑤ 清除腐蚀,进行腐蚀损伤评估,确定损伤修理的方案。

9.3.3 腐蚀清除

1. 机体表面的准备工作

(1) 彻底清洁机体表面

清除腐蚀首先要彻底清洁机体的表面,这是非常重要的一步。一般的做法如下:

① 将飞机停放于合适的位置。

② 选择及配置合适的清洁剂溶液,涂抹并保持机体表面湿润几分钟。

③ 用高压温水冲洗污物,对清除困难的顽固污迹可在清洁剂中加入煤油或用软毛刷刷洗。

(2) 清除油漆保护层

为了检查漆层下面是否发生了腐蚀,必须清除油漆保护层。清除漆层使用的是一种可用水冲洗掉的、黏稠状的漆层清除剂。一般的做法如下:

① 用刷子将清除剂涂抹到要清除漆层的表面,保持较厚的一层。在表面停留一段时间直到漆层鼓起、卷曲起来,表明漆层已和金属脱开。

② 用热水冲洗,直至将漆层清除剂完全清除干净。必要时,可以重复施用油漆清除剂,先用塑料或铝制的工具刮削漆层,然后再施用第二层油漆清除剂,使它能浸到油漆层的底层。在清除铆钉头或沿缝隙的油漆层时,可以使用较硬的刷子,以便刷掉这些部位上的漆层。

2. 清除的方法和要求

清除腐蚀产物的方法有两种:机械法和化学法。选择方法时,通常要考虑腐蚀产物区域的结构类型、腐蚀部位、腐蚀类型以及腐蚀程度。采用机械法清除腐蚀产物较为常用。对于轻度腐蚀,也可采用化学方法清除腐蚀产物。清除腐蚀后,要用碱性基清洗液或甲基乙基酮(MEK)做清洁处理。在航空器结构修理中,通过把腐蚀严重部位切除,然后进行修补。超出修理极限时只能换件。

(1) 机械法简介

① 对于较轻的腐蚀,通常采用砂纸、砂布、打磨垫、金属刷、毛刷、刮削器、锉刀等工具,进行人工打磨,清除腐蚀产物。

② 对于较严重的腐蚀,通常采用手握动力工具,例如圆盘打磨器、砂轮和喷丸设备等清除腐蚀产物。通常使用气动马达作为动力工具。当采用动力工具清除腐蚀产物时,要特别注意不要使基体金属过热,也不要过度打磨,否则有可能使本来没有超出可允许损伤的轻度损伤,经过打磨处理后,超过了可允许损伤范围。

③ 对于丝状腐蚀,可用手提式喷丸机(采用玻璃弹丸)进行喷丸清除腐蚀产物。它对包铝层影响很小,但能形成一个适合于立即重涂漆层的光滑表面。

④ 腐蚀产物清除以后,先用粒度为 280 的研磨纸打磨,再用粒度为 400 的研磨纸将表面打磨光滑,用清洁剂溶液清洗,再用 5% 铬酸溶液进行中和处理。

⑤ 必须指出,不能使用钢丝棉或钢丝刷清除铝合金构件的腐蚀产物,因为钢材的微粒会留在铝合金中引起更严重的腐蚀。

⑥ 高强度不锈钢和镍合金对氢脆敏感,因此这几类合金最好采用机械方法清除腐蚀产物。钛合金也不要用化学方法清除腐蚀产物。

(2) 化学法简介

① 化学法清除腐蚀一般适用于轻微腐蚀情况。

② 对于铝合金除腐选用的除腐剂应为酸基化合物(浓度 5% 的铬酸溶液)。

③ 对于低强度的合金钢构件可采用刷涂或浸泡磷酸基除腐剂的方法,进行化学除腐。但对于拉伸强度超过 1 517 MPa(220 000 psi)的合金钢构件,因会引起钢的氨脆,不允许使用酸性除腐剂。一般使用浸泡碱性除腐剂(如氢氧化钠)法清除。

④ 当清除钢索表面腐蚀产物时,用布或软鬃刷蘸上 Stoddard 溶剂做清洁处理,彻底清除腐蚀产物后,涂一层防腐化合物(MIL－C－16173,4 级或相当的防腐化合物)。如果钢索发生内部腐蚀则应更换。

3. 腐蚀损伤极限评估

清除完腐蚀产物后,需要对腐蚀损伤进行评估(内容参考 9.3.2 小节),确定修理方案。

4. 腐蚀防护措施

最后还应完成腐蚀防护措施,恢复结构件的防腐能力(内容参考 9.3.4 小节)。

5. 处理腐蚀的注意事项

处理前应确保该区域已清洁、无油。严格遵守相关施工规范及化学品安全使用规定。

6. 应用举例

以铝合金材料腐蚀产物的清除及控制为例。

(1) 准　备

① 查找手册,明确施工规范。

② 工具和材料(见图 9－20):气动磨钻、尼龙碟、棉布、铝箔胶带、除腐剂等。

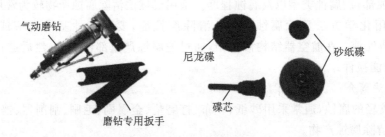

气动磨钻　尼龙碟　砂纸碟　碟芯　磨钻专用扳手

图 9－20　打磨工具样式

(2) 操　作

① 完成目视检查,确定腐蚀情况,如果不能马上清除腐蚀,可在清洁后对该区域喷涂防腐剂。

② 完成表面清洁并去除漆层。

③ 清除腐蚀产物,确保腐蚀被彻底清除。操作简介如下:

ⓐ 化学法(适用于轻微腐蚀):用铝箔胶带保护开口位置及镁合金、钢等结构。用毛刷涂敷除腐剂,有规律地从下往上涂抹除腐剂,从而使其形成较好的涂层。使除腐剂在表面保持 5～30 min 后,用水清洗。

ⓑ 机械法:使用铝箔胶带对施工区域附近的开口位置及镁合金、钢等结构进行屏蔽保护。用尼龙碟打磨腐蚀部位,打磨时应以直线运动进行打磨,不允许交叉打磨,否则可能损伤表面。

打磨样式如图 9 - 21 所示。

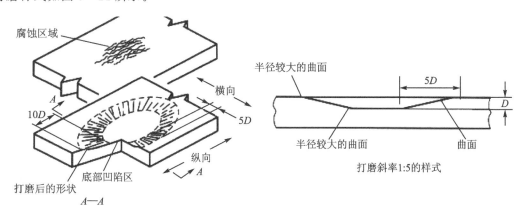

图 9 - 21 清除表面腐蚀的打磨样式

④ 清除腐蚀之后,用水清洗,再涂抹阿洛丁保护。

9.3.4 腐蚀防护措施

1. 表面保护层

对飞机结构施加表面保护层是最有效的防腐措施,导致腐蚀的直接原因是构件没有适当的保护层或保护层受到损伤。

（1）表面包铝层

在制造过程中,采用滚压工艺在铝合金结构件表面包覆一层纯铝,利用纯铝氧化膜对基体金属实现保护,例如 2024 包铝合金。

（2）表面氧化膜

在航空器结构件制造和修理过程中,通常采用的方法有表面阳极氧化处理(电解法)和化学处理法(施用阿洛丁(Alodine)法)。通常采用施涂阿洛丁的方法修复因修理被破坏的表面氧化膜。施工时,一般可通过颜色变化判别是否达到要求,例如:Alodine1200 颜色可从浅黄色到棕褐色变化。

（3）油漆保护涂层

油漆保护涂层是控制航空器结构腐蚀的非常有效的措施,它是防止航空器结构腐蚀的第一道防线。通常,航空器结构的涂层有底漆和面漆,先涂底漆,后涂面漆。

2. 防腐剂

航空器结构上喷涂防腐剂(Corrosion Inhibiting Compound,CIC)可起防腐作用,也可以阻止腐蚀进一步蔓延。它们能起到排水和在涂层表面上形成防水膜的作用,虽然不能完全抑制住已产生的腐蚀,但能起到减慢腐蚀的作用。在常规防腐系统中,不能用防腐剂代替涂层。但将防腐剂涂在涂层受损处,可代替涂层起到临时性防腐作用。在航空器结构维修中,应根据防腐剂层的实际状态,重涂防腐剂。喷涂防腐剂不会降低紧固件的拧紧力矩。在易于发生腐蚀的结构处,例如:暴露在大气中的结构、机身舱底内表面、厨房和厕所底部的结构,更应注意按手册要求做好防腐剂的喷涂工作。

（1）常用防腐剂类型及特性简介

部分防腐剂性能比较表如表 9 - 8 所列。

表 9-8　部分防腐剂性能比较表

标　准	优缺点	牌　号	应用范围	备　注
BMS3-23	水置换型防腐剂。保护膜薄,渗透性较强,对飞机重量增加较小,但耐久性差,固化后黏性较大	AV8(常用)、LPS3、BOESHIELD T-9	用于腐蚀不严重的开放区域	BMS3-35 是用于代替 BMS3-29 的新型水置换型防腐剂;与 BMS3-29 相比,BMS3-35 具有更强的渗透能力及更快的固化速度;BMS3-35 防腐剂牌号有 AV-15、COR-BAN35
BMS3-26	重型防腐剂。保护膜厚,渗透性较差,耐磨性好,对飞机增重影响较大,耐久性较好,一般不单独使用	AV100D(常用)、ARDROX 3322、LPS FORMULA B1007	用于可能发生严重腐蚀的区域,通常与 BMS3-23 配合使用	
BMS3-29	同时具有水置换型及重型防腐剂的优点,具有较强的渗透性和较好的耐久性	AV-30	可代替"BMS3-23+BMS3-26"的双层防腐剂体系	

（2）清除防腐剂

在航空器结构修理中,修理前应清除防腐剂,使底漆与密封胶能较好地粘合。在采用渗透法检查构件损伤前,应先清除防腐剂。清除防腐剂时,不推荐使用甲基乙基酮（MEK）或丙酮,可使用石脑油清除防腐剂。对于水置换型防腐剂,也可以采用全氯乙烯、三氯乙烯或三氯乙烷等溶剂来清除。

（3）涂刷防腐剂

通常的施工方式包括喷涂或刷涂。采用喷涂法施工,效率较高。使用普通涂刷涂抹防腐剂,则适用于较小的密闭空间作业或是喷涂施工时对周围设备影响较大的区域。对于 BMS3-26 防腐剂涂层,必须清除原有涂层后再重新喷涂,而且 BMS3-26 应局限于涂在专门提出用这种防腐剂的地方,在低于 13 ℃的温度下不能喷除 BMS3-26 Ⅱ型防腐剂,温度在 13～19 ℃时可以采用低压喷涂方法得到满意的连续表面膜。对于 BMS3-23 防腐剂涂层,一般可直接喷涂在原有涂层上。但因其具有黏性,易吸附灰尘和砂石,如果污染严重,必须清洁原有涂层后再重新施工。清洗飞机时,BMS3-23 易被清除,因此需要定期重涂。

（4）应用举例

某喷涂施工实例如图 9-22 所示。

① 准备。准备工作包括：

ⓐ 查找手册,严格按手册程序进行施工。

ⓑ 材料和工具:罐装 BMS3-23 防腐剂、纯棉布、胶带、塑料垫等。

ⓒ 安全事项:由于防腐剂属于有毒、易燃化

喷罐(AV8)

结构表面

图 9-22　喷涂施工实例

学品,应注意防火安全,做好个人防护工作,佩戴口罩、护目镜、手套等防护用具。

② 操作。操作具体步骤为：

ⓐ 在喷涂前,应先清洁施工表面,并对受施工影响区域内的钢索、电线、橡胶件等不能沾染防腐剂的部件采取屏蔽保护措施。

ⓑ 控制喷涂的速度,保持喷嘴到表面有 12 in 的距离,均匀移动,在工件表面覆盖一层约 0.003 in 厚的防腐剂。推荐的喷涂速度为:喷涂 3.8 L/h 的流量,15～20 in^2/h 的喷洒率。

（5）注意事项

① 防腐剂为有毒、易燃危险化学品,施工时应保证通风,飞机要接地,做好个人防护,严格遵守相关的安全操作规定。

② 避免防腐剂污染隔音衬层和内部装饰材料,否则会降低材料的防水性和阻燃性。

③ 避免操纵钢索、滑轮、特氟隆轴承、润滑连接处和硅橡胶接触防腐剂。

④ 涂防腐剂之前,要让底漆或瓷漆至少干燥 8 h。

⑤ 防腐剂涂层不能过厚,否则在低温下会形成硬块,使活动零件动作困难。

3. 日常防腐要求

保持飞机清洁、干燥和通风,确保排水孔通畅。检查密封件、表面层,及时发现和修理初期腐蚀。每日对燃油箱排放沉淀物及积水,擦拭暴露在外部及敏感区域的部件。风雨天气时,要注意停放飞机的封严,以杜绝雨水的侵蚀。

9.3.5　特殊情况下的腐蚀处理

本小节内容仅简介部分特殊情况下处理腐蚀的基本要求,工作时应严格按手册的规定执行。

1. 运输动物及海产品时的防腐措施

在货舱内运输大批海产品或大动物时,应采取必要的预防腐蚀的措施:

① 动物应安置在底部密封的牲畜栏内,栏底铺撒一层干净的木屑,以便容纳,清洁尿污、粪便。运输海产品时,要妥善包装,防止带有盐分的水污染货舱。

② 定期地清洁和除臭。消毒时,应采取措施,防止药水对结构的伤害。检查结构的腐蚀迹象,确保排水活门无堵塞、无积存的液体。

2. 酸/碱性溶液泼溅后的清除

溅洒的酸/碱性溶液会腐蚀结构件,例如:溢出的电瓶电解液、酸/碱性腐蚀去除剂、清洗剂或货物溶液等,应采用中和法进行清除。酸性溶液污染一般使用 20% 的碳酸氢钠溶液进行中和,碱性溶液则使用浓度 5% 的醋酸溶液或酸度高的食用醋进行中和。用石蕊试纸检查是否中和彻底。施工完成后,应在整个部位上涂防腐剂。

3. 水银泼洒后的清除

水银对结构件具有强腐蚀作用,当发生水银泼洒情况时,应立即按如下方法清除。

① 可用纸或纸板折成凹槽形状,舀起水银。小的水银珠可用黏纸拾取,或用医用带橡皮球头的吸管吸取,或用带收集器(见图 9-23)的真空吸尘器吸取,或用特制的镀镍碳纤维刷子拾取水银,或用细铜丝刷拾取水银。采用细铜丝刷的一般步骤如下:

ⓐ 应先清洁铜丝。将刷子浸入硝酸溶液清洁,然后浸入水中清除硝酸,最后浸入酒精中清除水分。

ⓑ 用铜丝刷拾取水银。当水银粘在铜丝上形成汞齐化后,将刷子放入一个适当的容器中抖掉,然后继续用铜丝刷拾取水银。

② 当可见的水银被清除后,应使用水银蒸汽探测装置(一种对水银蒸汽敏感的电子装置)或采用更为灵敏的 X 光照相技术进行检查,确保包括隐藏区内的水银已被彻底清除。

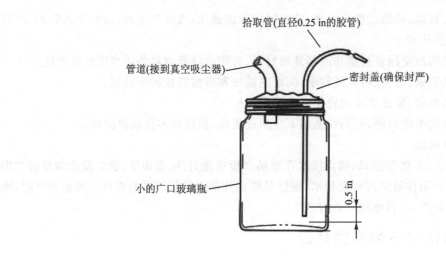

拾取管(直径0.25 in的胶管)

管道(接到真空吸尘器)

密封盖(确保封严)

小的广口玻璃瓶

0.5 in

图 9 - 23　真空水银收集器

思考题

1. 密封胶如何操作？
2. 在密封胶施工时,对施工方法有哪些要求？
3. 密封胶施工注意事项包括哪些？
4. 腐蚀可分为哪些不同的类型？
5. 航空器腐蚀损伤的检查方法有哪些？
6. 航空器腐蚀检查的基本操作规范有哪些？
7. 航空器腐蚀清除如何操作？
8. 防腐剂通常的施工方式包括哪些？ 如何施工？
9. 防腐剂施工的注意事项有哪些？

参考文献

[1] 任仁良.维修基本技能[M].北京:清华大学出版社,2010.

[2] 薛红前.飞机装配工艺学[M].西安:西北工业大学出版社,2015.

[3] 黄方遒.飞机维修工程基本技能指导[M].北京:中国民航出版社,2012.

[4] 李幼兰.空气动力学和维护技术基础[M].北京:清华大学出版社,2017.

[5] 符双学,刘艺涛,刘铭光,等.飞机维护技术基础[M].西安:西北工业大学出版社,2017.

参考文献

[1] ……
[2] ……
[3] ……
[4] ……
[5] ……